执着
是你走向
成功的秘密

安中玉◎编著

黑龙江美术出版社

图书在版编目（CIP）数据

执着：是你走向成功的秘密 / 安中玉编著 .
哈尔滨 : 黑龙江美术出版社 , 2024. 10. -- ISBN 978-7-
5755-0722-6

Ⅰ . B848.4-49
中国国家版本馆 CIP 数据核字第 202437BD62 号

书　　　名：执着：是你走向成功的秘密
ZHIZHUO: SHINI ZOUXIANG CHENGGONG DE MIMI

出 版 人：乔　靓
编　　著：安中玉
责任编辑：李　旭
装帧设计：黄　辉
出版发行：黑龙江美术出版社
地　　址：哈尔滨市道里区安定街 225 号
邮政编码：150016
发行电话：（0451）84270514
经　　销：全国新华书店
制　　版：姚天麒
印　　刷：三河市兴博印务有限公司
开　　本：710mm×1000mm　1/16
印　　张：10
字　　数：124 千字
版　　次：2024 年 10 月第 1 版
印　　次：2024 年 10 月第 1 次印刷
书　　号：ISBN 978-7-5755-0722-6
定　　价：59.00

注：如有印、装质量问题，请与出版社联系。

前言
preface

　　在这个世界上，成功是一个被广泛讨论的概念，但很少有人能够真正揭示其背后的秘诀。本书通过对成功这一主题的深入探讨，旨在引导读者理解执着的力量，并将其应用于个人成长和职业发展中。

　　执着，是一种精神力量，它能够支撑我们面对挑战，克服困难，最终实现目标。在本书的第一章中，我们深入探讨了执着的定义，它不仅仅是坚持，更是一种智慧和策略的结合；讨论了如何识别和设定真正属于自己的目标，以及如何将执着信念与长期目标绑定在一起，从而形成一种持续的动力。

　　在第二章中，我们进一步探讨了执着与个人成长的关系。执着不仅是实现目标的工具，更是深化自我认知的途径。通过执着，我们可以挖掘内在力量，坚守自我，打造积极的心态面对批评，以及不断学习和自我迭代。这些内容将帮助读者在个人发展的道路上，不断突破自我，追求卓越。

　　第三章聚焦于执着的策略与执行。在这章我们讨论了如何将执着

信念转化为具体行动，抵制诱惑，高效利用时间，以及如何通过每日微小的进步来积累成功。同时，我们还探讨了如何利用可用资源，打破常规，适应环境变化，以及如何面对挑战并寻找解决方案。

　　最后，在第四章中，我们展示了执着如何在不同领域成就卓越。无论是在职场、情感关系、商业成就，还是在逆境中的突破，执着都是一种不可或缺的力量。

目录

contents

第一篇　执着——成功的基石

执着的定义：深入理解成功的精神支柱⋯⋯⋯⋯⋯⋯　2

目标坚定：识别和设定真正属于你的目标⋯⋯⋯⋯　6

执着信念与长期目标的绑定⋯⋯⋯⋯⋯⋯⋯⋯　10

短期目标的设立与执着追求⋯⋯⋯⋯⋯⋯⋯　14

专注投入：执着的行动力⋯⋯⋯⋯⋯⋯⋯⋯　18

培养坚持执着的日常习惯⋯⋯⋯⋯⋯⋯⋯　22

应对挑战：在逆境中坚持与突破⋯⋯⋯⋯⋯　26

自我激励：激发内在动力，持续前行⋯⋯⋯⋯　30

情绪调节：保持稳定心态，促进执着追求⋯⋯⋯⋯　34

第二篇　执着与个人成长

执着与自我认知的深化⋯⋯⋯⋯⋯⋯⋯⋯　40

执着挖掘内在力量，助力目标的实现⋯⋯⋯⋯　44

坚守自我，铸就执着的个性⋯⋯⋯⋯⋯⋯⋯　48

执着面对批评，将其转化为成长的动力⋯⋯⋯　52

打造积极心态：执着于乐观与自信⋯⋯⋯⋯⋯　56

执着学习：不断提高与自我迭代⋯⋯⋯⋯⋯　60

执着优化习惯，重塑行为模式⋯⋯⋯⋯⋯⋯　64

执着于挑战自我，不断突破舒适区⋯⋯⋯⋯⋯　68

执着于细节，追求卓越和完善⋯⋯⋯⋯⋯⋯　72

第三篇　执着的策略与执行

执着于行动：将信念转化为具体行动……………………………… 78

抵制诱惑：执着于长远的决策……………………………………… 82

高效利用时间，助力执着追求……………………………………… 86

每日微进步：执着于小事的累积…………………………………… 90

利用可用资源助力执着目标………………………………………… 94

打破常规，执着地开阔视野………………………………………… 98

适应环境：面对变化的策略调整…………………………………… 102

面对挑战，执着寻找解决方案……………………………………… 106

借助执着力量，智慧应对失败……………………………………… 110

执着于行动后复盘，持续修正行动策略…………………………… 114

第四篇　执着与生活的智慧

执着成就职场成功…………………………………………………… 120

情感中的执着坚守…………………………………………………… 124

执着耕耘，收获财富果实…………………………………………… 128

团队合作中的执着力量……………………………………………… 132

日常生活中的执着：点滴铸就非凡………………………………… 136

在执着追求中保持人际关系的和谐………………………………… 140

执着的艺术：适时放手……………………………………………… 144

执着追求与生活满意度的平衡……………………………………… 148

执着与精神成长：在追求中寻找生命的意义……………………… 152

第一篇
执着——成功的基石

　　在人生的旅途中，执着犹如坚硬的基石，承载着我们的每一个梦想。执着让我们在困境中坚守，在挫折面前不屈，在迷茫之时依旧能看到前方的曙光。成功并非偶然，而是无数个日夜执着努力的结果。正是这种对目标的坚定，对理想的坚守，让我们不断超越自我，不断攀登人生的新高峰。

执着的定义：深入理解成功的精神支柱

　　心理学家安德斯·埃里克森指出，具备执着特点的人，往往具有坚定的目标导向，独立自主，不断追求新知，持之以恒地积累专业知识，并对目标抱有难以撼动的信念。执着仿佛是一根坚韧的精神支柱，当我们在面临困难与挑战时，内心的执着能激发我们内在的潜能，提升其在复杂环境中生存与发展的韧性，成为个人通向成功的强有力支撑。正如中国先贤孟子所说："故天将降大任于是人也，必先苦其心志，劳其筋骨，饿其体肤，空乏其身，行拂乱其所为，所以动心忍性，曾益其所不能。"

我今天一定要把这一章看完，但是这个短视频看起来挺有趣的……

　　陈明最近因为工作要求，需要考个证书，他因此买了很多相关的考试资料。还制定了详细的学习计划，决心每天下班后学习。起初，他每天下班回家，都会立刻坐在书桌前，打开书本，专注学习。但慢慢地，他开始感到疲惫。下班后总想放松一下，看看电视，玩玩手机游戏。每当手机提示音响起，他的注意力就会被吸引过去。他告诉自己只是看一下，但往往一看就是半小时，甚至更久，最终考试没有通过。

持之以恒的执着精神是成功的关键，初始的热情若不能转化为持续的行动，目标终将遥不可及。而在团队中，执着不仅是一种个人品质，更是推动集体向前的力量。从个人到集体，执着如同纽带，连接着每一个努力的瞬间，引领我们不断前进。

　　小明即将参加跳高比赛，每天他都坚持到操场练习。尽管屡次失败，但他并未气馁。"我觉得自己做不到，每次都是差那么一点点。"小明有些沮丧。教练鼓励他："小明，你只是需要再坚持一下，不要放弃。"在教练的激励下，小明重拾信心，继续努力训练。

　　日复一日，小明的执着和汗水终于得到了回报。比赛当天，他站在跳高杆前，心中充满自信。他助跑、起跳，成功越过栏杆，赢得了掌声和教练的赞许。

执着的内涵并不仅仅是对目标的死磕，更是一种深度认识自我与世界的过程。因此，我们在追求卓越的过程中，既要坚守信念，又要保持开放和灵活的心态，智慧地审视自我和他人的优点与不足，以平和而坚定的态度予以肯定或修正。执着的真谛并不在于偏执或压抑，而在于一种蕴含包容与智慧的内在力量，它拒绝虚假的敷衍和恶意的讥讽，倡导的是从容面对生活，公正待人，超脱于俗世的纷扰，智慧地驾驭复杂情况，从而体现出一种高层次的精神修养和人格魅力。

几个月前，李博士在实验中意外发现了一种可能颠覆现有科学理论的新现象。自那以后，他全身心投入研究，夜以继日地工作。尽管实验室的同事们都已回家，李博士仍旧执着地坚守在实验台前，面对失败从不气馁。他坚信，科学探索的道路虽然坎坷，但每一次尝试都会离成功更近一步。经过无数个深夜的努力，李博士终于完成了关键实验验证，证实了他的新发现，并为该领域开辟了新的研究方向。

这个新发现将会改变我们对这一领域的认知，我必须继续研究下去。

在追求目标的过程中，执着精神是实现成就的核心。这要求我们在面对挑战时要坚定信念，不断积累经验和知识，以实现持续的成长和进步。无论是科学研究还是艺术创作，或是任何其他领域的工作，执着都是推动我们克服困难、达成目标的关键因素。通过不懈的努力和实践，我们可以培养出坚忍的性格和实现目标的能力。因此，我们要深入理解并切实实践执着的精神，这样才能以不屈不挠的毅力，实现个人的成长和成功。

小林的绘画之路起初并不平坦，作品在画廊中鲜有人问津。然而，对艺术的热爱让她选择坚持，她开始深入研究，从构图到色彩，认真打磨每一处细节。她从艺术大师作品中汲取灵感，探索个人风格，将现代与传统融合，创作出独特的艺术作品。

终于在一次展览中，她的代表作获得了观众和评论家的一致赞誉，她的执着和创新精神让她在艺术界崭露头角。

这幅作品我已经画了几个月，但我知道，只要我不放弃，它终将成为我的代表作！

目标坚定：识别和设定真正属于你的目标

《礼记·大学》中有云："知止而后有定，定而后能静，静而后能安，安而后能虑，虑而后能得"。在追求成功的路上，若想取得成就，首要任务便是识别并坚定地设定真正属于自己的目标。目标不仅涵盖职业追求，还囊括了人格塑造、价值观的确立等深层次的个人发展领域，它是引领我们在复杂世界中选定方向、持续进发的内在指南针，正如古希腊哲学家亚里士多德所强调："每一个人都是自己命运的设计师。"因此，无论时代如何变迁，明智地设立和追求个人目标始终是实现卓越生活的基石。

大学生小杰起初按照父母的期望主修金融专业，然而成绩平平，他对金融也兴趣索然。他内心深处热爱的是电影制作，常常在课余时

这个专业是父母建议我选的，但我真的对它感兴趣吗？

间独自观看各种影片，还自学了一些剪辑软件的操作。

　　有一天，小杰偶然遇见了正在图书馆角落剪辑校庆宣传片的学长，两人相谈甚欢，学长鼓励他勇敢追求自己的梦想。这次邂逅让小杰意识到，一直以来他都在追求别人眼中的成功，而忽略了自己内心的热爱。

　　于是，小杰鼓足勇气，主动申请转专业到影视制作，并开始系统地学习剧本创作、导演技巧和后期制作等课程。他利用课余时间加入校园电视台社团，从最基础的摄像助理做起，一步一个脚印，积累实战经验。

　　在日复一日的实践与学习中，小杰的才华逐渐显现，他的作品在校内外获奖无数，得到了师生们的一致好评。毕业后，他成功进入国内顶尖的影视公司上班。凭借着对电影的执着追求和扎实的专业技能，小杰逐渐在行业中崭露头角，达成了自己的梦想。

我看到别人都在追求各种各样的目标，但我好像从来没有认真思考过自己真正想要什么。

　　恰当的目标设定，如同点亮了个人前行道路上的明灯，使其在茫茫人海中独具特色，焕发个人魅力。而拥有明确目标的人，则能从广阔的视野中找准自己的位置，洞悉问题的本质，引导自己及他人进行更深层次的思考与探索。

设定真正属于自己的目标是一个深入了解自我的过程。这个过程要求我们进行自我反思，挖掘内心真正的渴望和兴趣所在。什么是让我们感到兴奋和满足的事情？我们的梦想是什么？我们的价值观如何影响我们的目标选择？这些问题的答案将帮助我们找到那些与我们的内在紧密相连的目标。这些目标不仅能够激发我们的热情，还能够在我们遇到困难和挑战时提供持续的动力。通过设定这样的目标，我们能够确保自己的努力是出于真正的兴趣和热情，而不是外界的期望或压力。

青年设计师晨曦虽然在父亲经营的设计事务所工作并小有成就，但他希望自己投身于更具创新与情感表达的空间装置艺术领域。

在工作之余，他经常收集那些被人遗忘的金属零件，然后利用这些废弃的工业材料重塑互动式装置艺术设计，赋予它们新的生命和意义。

在狭窄的工作室中，晨曦挥汗如雨，切割、焊接、打磨，每一道

我知道自己想要什么，也清楚每一步该如何去实现。

工序都倾注了他的执着与想象。他反复调整灯光效果，尝试不同的布局结构，直至满意为止。这个过程虽艰辛孤独，但每一次看到那些冰冷的钢铁在他的手中转变为充满温度的艺术品时，他心中的满足感妙不可言。

后来，晨曦的作品在一场小型的艺术展览中亮相，出乎意料地引起了观众们的热烈反响。观众们流连忘返于他的装置前，触动于作品背后的环保理念和独特的情感表达。这一成功给予了晨曦前所未有的信心和鼓励，他决定继续坚守初心，勇敢追求自己的艺术梦想，在这个繁忙而冷漠的城市中留下自己独特的艺术印记。

我要确保每一个目标都是我真正热爱和渴望达成的。

识别并设定真正属于自己的目标，是走向自我实现和满足感的关键一步。目标引导我们在正确的道路上稳步前行，而且激励我们在逆境中坚持不懈，帮助我们在成功时保持谦逊。通过追求这些与个人价值观和愿景紧密相连的目标，我们能够实现个人成长，提升生活质量，并最终达到内心的和谐与平衡。因此，我们要勇敢地按照内心的指引，不断追求和实现那些真正属于我们的目标。

执着信念与长期目标的绑定

《礼记·中庸》中有云："凡事预则立，不预则废。"现实生活中，那些矢志不渝地追寻并达成长远目标的人，无不表现出对信念的深深依恋与倾力践行。犹如古时匠人雕刻璞玉，需心有蓝图，手握信念，方能雕琢出璀璨的珍宝。当代社会亦然，我们看到无数成功者，正是凭借对信念与目标的执着，历经风雨而不改初衷，逢山开路，遇水搭桥，一步步迈向理想的彼岸。这种执着精神，恰如鲁迅先生笔下的人物，纵使身处艰难困厄，亦能秉持信念，以毅力和决心铺就出一条通往成功的坚实道路。

李明曾是一名充满激情的青年，但日复一日的工作压力和一个个没完没了的紧急任务，让他逐渐迷失了方向。他的生活被工作填满，每天加班到深夜，再也没有时间去做自己真正热爱的事情。他开始怀念那些充满创造力和激情的日子，渴望找回自己的目标和梦想。

然而，现实的压力让他难以做出改变。他害怕失去稳定的工作和收入，害怕面对未知的风险。他陷入了两难的境地，既渴望改变，又害怕改变。

我总是在紧急任务和截止日期之间奔波，却忘了自己真正想要的是什么。

　　李明的经历是许多人在追求梦想过程中的缩影，他们面临着现实与理想的拉扯，很多人就此迷失了自己。

　　在生活和工作中，内心的挣扎虽然艰难，却是成长和自我发现的必经之路。而对目标的坚持和信念的力量，正如磁铁的两极，能够激发出人们内在的潜能，引导人们在平凡中发现非凡。

　　小赵在会议室里激情满怀地展示着公司的愿景图，希望激发团队成员的热情。但团队成员们显得无精打采，低头玩手机，对小赵的长远目标毫无兴趣。小赵内心焦急，他知道没有团队的支持，愿景只是空谈。

　　团队成员们私下里抱怨："这些宏伟目标太遥远，我们更关心的是眼前的工资和生活。"他们对小赵的激情和执着感到不解，认为他的梦想与现实脱节。

梦想与现实

又是一个遥远的目标，我现在的工作和生活已经够忙了。

我多么希望大家能和我分享这份对未来的执着和热情。

执着信念与长期目标的绑定，其核心在于不断调整、优化并持之以恒地付诸实践。这种结合并非盲目固守，而是理智与情感的高度统一，既有对自身优劣势的清醒认知，也有对目标可能性的深思熟虑。如同喜剧大师卓别林所展示的幽默，它源自对人性和社会深刻洞察后的轻松呈现，而非肤浅的玩笑或者尖锐的批判。同样，执着信念与长期目标的绑定，是在理解和接纳自我基础上的积极进取，充满智慧与包容，使得在实现的过程中人们既能坦然接受不足，也能乐见其成长。

李锐的梦想是创办一家高端美发沙龙。于是，他为自己设定了一个为期十年的长期目标。

每天，李锐都会提前到店，除了接待顾客，他会利用空余时间研习国内外最新的美发潮流和技术，通过网络教程、线下培训不断提升自己的技艺。

我的信念是我的指南针，它引导我设定目标，确保我始终朝着正确的方向前进。

每个月，他会从工资中拿出一部分，存入专门的储蓄账户，为将来开店储备启动资金。同时，他积极参加行业交流会，扩展人脉，积累潜在的合作伙伴和客户资源，还通过阅读管理类书籍，逐渐积累店铺运营和管理的经验。

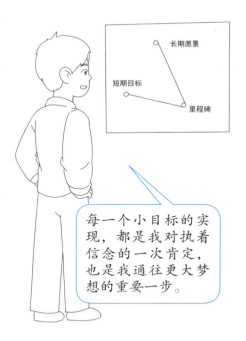

每一个小目标的实现，都是我对执着信念的一次肯定，也是我通往更大梦想的重要一步。

五年后，李锐的技术和服务赢得了广大顾客的认可，他已经成为店里最受欢迎的发型师，并成功积累了一批忠实的客户群体。此时，他开始寻找合适的店铺地址，并联系之前积累的行业资源，寻求投资。

又过了四年，李锐依靠自己的积蓄、朋友的投资以及银行贷款，终于在市中心地段租下一间店面，成功创办了自己的美发沙龙。开业当天，前来捧场的顾客络绎不绝，他的梦想终于变成了现实。

执着信念与长期目标的绑定不仅是个人成功的关键要素，也是引领团队协同作战的核心力量。持有坚定信念的人，并将信念与目标相结合，能形成强大的磁场，凝聚团队共识、并最终达成共同的愿景。在工作中，领导者或团队成员通过分享信念与目标绑定所带来的实践成果，激励他人效仿与学习，使得每个人都能够依据自身的条件和特点，合理设定并牢牢绑定个人信念与长期目标。

短期目标的设立与执着追求

著名的时间管理和效率专家艾伦·拉金在其著作中，深刻剖析了科学合理地设定短期目标与持之以恒的追求对于实现整体成功的重要性。他这样比喻，短期目标就像是修建一座摩天大厦时不可或缺的砖瓦，每一块都需要精心挑选并扎实地堆砌。这种步步为营的积累过程，展现了短期目标与长期愿景之间的紧密联系，确保我们在日常生活的细微处始终沿着正确的路径有序地推进。因此，科学合理地设立短期目标，并始终保持对它们的执着追求，无疑是我们高效达成目标、稳步攀登人生高峰的关键所在。

我给自己设定了跑5公里的短期目标，但我能做到吗？

小明是个健身新手，因为之前没有运动基础，所以只给自己设定了5公里的目标，每天坚持在跑步机上跑步健身。

起初，小明感到吃力，呼吸急促，但他没有放弃。他回想起自己为何要开始健身，为了健康，为了更好的自己。这个念头给了他力量，他逐渐找到了节奏。

5公里的目标似乎遥不可及，但小明没有放弃。他坚持着，一步接着一步，终于，他跑完了全程。

在快节奏的现代生活中，设立短期目标的意义在于能够帮助我们聚焦当下，调动积极情绪和行动力，使我们时刻保持紧迫感与成就感，也使我们在繁忙喧嚣中依然能够看见自己的进步轨迹，进而增添继续前行的信心和动力。

张经理曾信心满满地为团队设立多个短期目标，希望迅速提升士气和业绩。但他发现计划过于理想化，忽视了团队的实际能力和资源限制。团队成员因疲惫和不满而工作滞后，张经理倍感压力，开始质疑自己的管理方法。

一次深夜加班后，他决定重新审视策略。认识到过多的短期目标会导致团队注意力分散，为此他调整计划，将目标整合为更实际的中期目标，并争取更多资源。经过调整，团队工作更加聚焦，士气得到提升。

我设定了太多的短期目标，现在一个都完成不了，我感觉自己要崩溃了。

对短期目标的执着追求，本质上是对自我能力与潜力的一场深度挖掘与历练。为实现目标，我们不仅要展现出灵活调整策略的智慧，还需具备面对困难和挑战时坚忍不拔的毅力。灵活与坚韧并不矛盾，而是在实现短期目标的进程中相辅相成的两个必要品质。这并不意味着我们在面对目标时采取盲目的冲刺姿态，或是在不利条件下仍然顽固地沿袭原定计划，而是要学会在目标与实际情况之间寻找到一种动态且微妙的平衡点。因此，在追求短期目标实现的过程中，我们应具备辨识时机、权衡利弊的能力。

李华十分热爱写作，但却缺乏方向。为了成为一个作家，他给自己设定了短期目标，每天至少完成3000字，以此作为提升写作技巧的基础。

起初，他在写作中遇到的困惑、思路的阻塞，以及外界的质疑声，都让他备感压力。但他没有放弃，而是将这些挑战视为成长的垫脚石。每当遇到难题，他就深入研究，从参考书籍中寻找答案，或是

在写作指南中获得灵感。

　　随着时间的积累，李华的写作技巧日益精进。他的小说开始吸引读者的注意，他也开始在网络平台上连载自己的作品，逐渐建立起自己的读者群。

　　然而，李华知道，成为顶尖作家的道路还很漫长。他需要不断地学习、实践和创新。他开始参加写作研讨会，与其他作家交流心得，不断地拓宽自己的视野。

> 每当我完成一个短期目标，我就离我的梦想更进一步。

　　在这个过程中，李华逐渐明白了执着的真正含义。执着不仅仅是坚持，更是一种不断追求卓越的精神。他开始更加深入地挖掘作品中人物的内心世界，更加细致地描绘故事的场景，力求让每一个细节都栩栩如生。

　　设立并执着地实现短期目标，不仅可以量化我们的成长，还可以锻炼我们的执行能力和自律性。这些短期内的小胜利，虽小却不可或缺，它们汇聚起来，就会形成一种强大的习惯力量，助力我们在漫长的人生道路上越走越远。在生活和工作的各个阶段，我们应该学会善用短期目标，以切实可行的步伐，满怀热情地走向心中的长远目标，让执着的追求成为我们驶向成功的航标灯。

专注投入：执着的行动力

　　专注投入，就像是给自己设定的一个小游戏，目标就是全神贯注地完成手头的任务，最后通关。又如玩拼图时，只有专注地一块一块拼起来，才能最终看到完整的画面。在日常生活中，无论是学习新技能还是完成工作任务，抑或是个人兴趣，专注都能让我们更高效地达成目标。古话说，"一心不可二用"，讲的就是这个道理，当我们遇到问题时，把注意力集中在一点上，就能深入挖掘问题，找到解决之道。专注也能让我们在纷繁复杂的世界保持清晰的思路和坚定的步伐。

　　小刘有份活动推广任务要做，虽然脑子里有一万个点子，却总是难以落地，因此一直拖延到周五还未完成，于是只得周末在家里加班，但懒惰让他无法立刻行动，他心里总是想："先玩一会儿，晚点再做也来得及"。

我就看一会儿，项目报告晚点再做也没关系。

　　直到夜幕降临，他猛然抬头，发现时间所剩不多，顿时感到非常焦虑，但第二天必须要提交报告，只得在思绪混乱的状态下草草完成了方案。最终，他提交了一份平庸的推广计划，错过了展现自己能力的机会。

　　小刘的推广任务因拖延而平庸收场，凸显了拖延和缺乏专注带来的后果，专注的习惯需要我们在日常生活中有意识地培养，从设定小目标做起，逐步提升效率。

　　小张的实验进度缓慢，尽管导师多次催促，他仍觉得时间充裕。这天，他来到实验室赶进度，但只做了一会儿，就又犯了懒，开始刷手机，玩游戏，看八卦。

　　直到实验室的灯光黯淡，一天即将结束，小张才惊觉自己本该完成的实验步骤还停留在原点。焦虑和愧疚让他急忙放下手机，试图迎头赶上，但实验的严谨性要求他必须按部就班。他匆忙中的失误，导致实验数据混乱，又不得不重新开始。导师再次来到实验室，看到小张手忙脚乱的样子，失望地摇了摇头。

这些实验步骤太复杂了，我还是先看一会儿八卦吧。

专注要求我们在做任何事情时都要全情投入，细心观察，用心体会。以烹饪为例，只有当我们细心调控火候，精准搭配调料，才能烹饪出色香味俱佳的美食。同样，在工作和学习中，专注让我们对每一个细节都要精益求精，从而避免因粗心大意而产生的错误。这种对细节的关注和对质量的要求，不仅提升了我们的工作效率，也让我们的成果更加出色，更能赢得他人的尊重和认可。当我们将专注变成习惯，那么，无论是处理复杂的项目还是完成日常的琐事，我们都能游刃有余，事半功倍。

在图书馆的一个安静角落，徐毅坐在桌前，他的手指在键盘上飞速敲打，屏幕上是密密麻麻的笔记和公式。桌上摆放着厚厚的数学书籍和一摞摞的草稿纸，每一张都记录着他解题的过程和思考的痕迹。

每一分的努力都会让我离梦想更进一步。

他始终专注在屏幕上，即使周围有人低声交谈，也无法分散他的注意力。

他很早就给自己设定了目标——获得全国数学竞赛的冠军。为了这个目标，他制定了严格的学习计划，每天固定时间来到图书馆，雷打不动。

随着竞赛日的临近，徐毅的准备也进入到冲刺阶段。他开始模拟竞赛环境，限制解题时间，不断提高自己的解题速度和准确性。他的笔记本上，密密麻麻地记录着各种解题技巧和易错点，这些都是他通过不断练习和反思积累下来的宝贵经验。

　　终于，竞赛的日子到来，徐毅带着满满的自信走进了考场。考试开始，他迅速进入状态，每一道题他都轻松解答。很快，考试结束了，徐毅交上了满意的答卷，心情舒畅地走出了考场。不久，成绩公布，徐毅以高分夺得了冠军，他的梦想成真了。

　　专注投入让我们的思绪不再游离，而是紧紧锁定在当前的任务上，从而使得行动更加明确和高效，让我们在繁忙的日常中也能感受到成功的喜悦。在日常工作和生活中，我们需要通过不断地实践和锻炼，将专注变成一种习惯，譬如在每一件小事上练习专注，无论是学习、工作，还是日常琐事，都做到全力以赴，这样，我们的每一天都将充满成长和收获，而我们也会更加接近那些执着追求的目标。

培养坚持执着的日常习惯

　　培养坚持执着的习惯，就如同磨砺一把锋利的剑，需要我们在日常生活中不断地锤炼和磨砺。《荀子·劝学》中提到："锲而舍之，朽木不折；锲而不舍，金石可镂。"这句话深刻地揭示了坚持的力量，意味着只有不断地努力，才能穿透坚硬的障碍，达到目标。执着不仅仅是一种行为，更是一种思维习惯，这要求我们在面对困难和挑战时，能够保持冷静和耐心，不断地寻找解决问题的方法。通过在日常生活中培养执着的习惯，我们能够在追求目标的道路上，一步一个脚印地前进，最终实现我们的梦想。

　　小张最近在独立做项目，但他有些懒惰。为了不拖延进度，他打算每天早上6点起床，然后开始工作。然而，每个清晨，闹钟响起无数遍，他都给按掉，直到8点，他才勉强起床，慢吞吞地洗漱吃早

再睡五分钟吧，早起真的太难了，明天再早起吧。

饭，拖拖拉拉直到上午 10 点才开始工作。

　　午后，小张拿着手机看视频，偶尔在键盘上敲击几下，却心不在焉。他的心里总有一个声音："一会儿再专注工作吧，现在先放松一下。"时间就这样在浏览社交媒体和无意识的工作中悄悄流逝。

　　就这样，小张的工作时间被切割得支离破碎，注意力在工作和手机之间来回切换，效率极低。项目进度缓慢，而他对此浑然不觉，或是故意视而不见。

　　随着项目的截止日期临近，小张开始感到焦虑。他意识到自己的懒惰和分心已经严重影响了工作进度，但改变习惯对他来说太难了。他开始熬夜工作，试图弥补白天的损失，可夜晚的效率同样低下。

　　最终，项目未能按时完成，小张决定改变自己的工作习惯。

工作一会儿，刷手机一会儿。

　　坚持始于对自己的严格要求和对目标的不懈追求。它要求我们在日复一日的生活中，不断重复那些能够帮助我们接近目标的行为，即使这些行为在一开始看起来微不足道。

坚持也意味着在面对挫折时的不屈不挠。《易经》中有云："天行健，君子以自强不息。"这句话鼓励我们在逆境中不断自我提高，永不停息。当我们在日常生活中遇到失败时，坚持的习惯让我们能够迅速站起来，重新面对挑战。这种习惯的培养，需要我们在每一件小事上都体现出对成功的渴望和对目标的执着，无论是坚持每天早起，还是坚持完成每一项任务。这些看似简单的行为，实际上是在为我们的大目标铺路，当习惯逐渐内化为我们的行为模式后，会让我们在坚持中不断成长和进步。

李华每天清晨起床都会出门跑步，跑步路线并不复杂，只是围绕着家附近的公园跑几圈。但对他来说，这不仅是身体上的运动，更是一种精神上的准备，为一天的学习充电。无论寒暑，他始终保持着这个习惯。

每天进步一点点，坚持就是胜利！

跑步归来后，他会简单冲洗，然后坐在书桌前，开始投入到学习之中。他没有特别的学习方法，只是一页一页地翻，一行一行地读，一点一点地理解。他相信，知识的积累就像跑步一样，一步一个脚印，稳扎稳打。

李华并不总是感到精力充沛，有时候身体疲惫，有时候心情低落。但他知道，这些都不能成为放弃的理由。每当遇到困难，他就会回想起跑步时的坚持，那种不断向前的感觉，让他重新找回了动力。

他的生活并不戏剧化，只有日复一日的坚持。但正是这种看似平凡的坚持，让他在不知不觉中取得了进步。他的成绩逐渐提高，他的身体变得更加健康，他的心态也变得更加积极。

每天学习一点，积累起来就是巨大的财富。

坚持的力量在于它能够塑造我们的内在品质，让我们在面对挑战时展现出非凡的韧性和毅力。这种品质不仅推动我们向着目标稳步前进，也在无形中增强了我们面对未来不确定性的能力。正如古语所言："滴水穿石，非力也，而坚也。"坚持的习惯正是这样一种力量，它不是一蹴而就的激烈，而是细水长流的坚持。通过每天的小进步，我们逐渐建立起实现梦想的信心和能力。因此，让我们在日常生活中不断练习坚持，让这成为我们通往成功的坚实桥梁。

应对挑战：在逆境中坚持与突破

在人生的旅途中，逆境往往如同突如其来的风暴，考验着每一个人的意志和决心。面对逆境，有人选择退缩，有人则选择勇敢地迎接挑战。心理学家经过长期研究发现，那些能够在逆境中坚持并最终取得成功的人，往往拥有一种共同的特质——执着。执着是一种强大的内在动力，它能够激发人们在困难面前不屈不挠的精神，并持续奋斗。正如古代哲学家所言："艰难困苦，玉汝于成。"这句话深刻地揭示了逆境对于个人成长和成功的重要性，而在现代社会的激烈竞争中，执着更是实现目标、成就梦想的关键因素。

小王和小李约定去攀岩，但是当他们站在攀岩馆的高墙下时，被那面带着光滑的岩点和陡峭的墙面吓到了。小王心里有些打鼓："这墙太高了，我感觉自己爬不上去。"

小李心里同样没有底："我之前也没挑战过这么难的，或许我们不应该太勉强自己。"

两人相互对视，时间一分一秒地过去，二人依旧站在原地，攀岩墙静静地矗立在他们面前，仿佛在

嘲笑他们的胆怯。最终，他们没有尝试攀爬，而是选择了离开。

> 执着的人在面对困难时，不会被眼前的挑战所吓倒，而是将其视为成长和进步的机会。然而，人们在挑战面前常有恐惧与退缩，正如小王和小赵在攀岩时的犹豫和不安。害怕失败的心理往往会导致拖延甚至放弃，错失了克服困难、实现自我超越的机会。

赵吉的实验连续失败，每次走进实验室，失败的数据和废弃的材料都在提醒他失败的现实。他开始怀疑自己的科研能力，心中充满不安和自我怀疑。

面对连续失败，赵吉没有深入探究原因和调整实验策略，也没有寻求导师或同行的帮助。每次实验失败，他只是默默收拾，带着沉重的心情离开。时间流逝，沮丧变成了逃避，他减少了去实验室的次数，实验进度严重滞后。最终，赵吉认为自己不适合科研，决定退出项目，转而探索其他领域的工作。

一次又一次的失败，我可能真的不适合做这个研究。

执着的内在含义在于对目标的坚定信念和对成功的不懈追求。它不仅仅是一种情绪状态，更是一种行动的驱动力。执着的人在面对挑战时，不会轻易放弃，而是会持续努力，直到实现目标。这种精神力量使他们在逆境中更加坚强，也更容易赢得他人的尊重和支持。

在生活和工作中，面对逆境时，执着的态度能够帮助我们保持冷静和专注，从而更好地应对问题。通过坚持和不断尝试，我们可以逐渐克服困难，实现自我突破。同时，执着也能够激励周围的人，传递出积极向上的力量，促进团队合作和社会和谐。

李强是一位风筝冲浪的高手，他总是在追求突破自我极限的挑战。这一次，他选择了一个风势猛烈的海滩，准备迎战更高难度的风筝冲浪。在与海浪的搏斗中，他左右摇摆，努力与海浪的节奏同步。每次从冲浪板上跌入水中，他都会迅速站起来，抖擞精神，重新调整姿势，再次迎接挑战。经过多次失败后，李强逐渐适应了海浪和风的变化，经过不懈努力和自我挑战，李强最终在恶劣的天气条件下成功驾驭了风筝，完成了他的目标。

这次风大浪高，正是提升技巧的好机会，我不会被打败的！

执着是面对挑战时的重要精神支柱，会让我们在逆境中保持坚韧，激发潜力，就如风筝冲浪手在风浪中执着地寻找平衡一样。

这种精神同样激励着许多企业家在激烈的市场竞争中不断寻求创新，勇于探索，以适应不断变化的商业环境，通过坚持和创新，他们能够引领企业走向成功，实现长远的发展。

刘洋在父亲的模具厂长大，立志改革家族企业。面对陈旧的设备和激烈的市场竞争，他决心学习新技术。业余时间，他学习机械工程，参加行业研讨，了解前沿趋势。刘洋亲自动手改造设备，优化流程，顶住压力，不断试验，找到降低成本、提高质量的方法。他的智能化生产线改造方案获父亲认可。几年后，刘洋成功推动企业转型升级，引入先进设备和管理模式，产品品质提升，市场份额增长。

公司愿景

虽然现在资金紧张，市场竞争激烈，但我相信我们一定能够突破困境。

自我激励：激发内在动力，持续前行

在追求目标与实现个人成长的过程中，自我激励是来自内心的信念与毅力的碰撞，是激发我们主动面对挑战、持续提升自我、勇往直前的内驱力。心理学研究表明，自我激励与个体的内在需求、目标认同以及自我效能感密切相关。当一个人明确并认同自己的目标，坚定地相信自己有能力实现它时，自我激励就会自然而然地生发出来，成为推动其克服困难、持续前行的强大力量。因此，培养自我激励意识，学会从内心深处唤醒和保持这种动力，对于达成个人目标、实现全面发展至关重要。

小李厌倦了平庸的生活，一心想改变自己，于是，他设定了很多目标，包括完成论文、健身等。然而，他发现自己更多地沉迷于网络和电视，电脑文档未完成，笔记本上满是涂鸦，小李感到迷茫和沮

丧。可是尽管如此，小李并没有采取行动来改变这一局面。他没有制定具体的计划，也没有寻求别人的帮助或激励，而是一次次屈服于即时的满足。最终，小李的目标清单依旧高挂，他的生活也没有变化，他的改变之心未能转化为实际行动。

> 小李的故事揭示了一个普遍现象：许多人渴望改变，设定了目标，却因缺乏行动而停滞不前。
>
> 在面对挫折时，我们可以通过自我激励，将困难视为成长的契机。若没有实际措施，则会导致计划一再延误，最终无法实现目标。

小王最近身体状态不佳，医生建议他多运动以改善体能。可是当他站在跑道上时，却显得犹豫不决，心里想着："今天感觉好累，不然晨跑就算了吧，明天再说。"这个念头在他脑海中徘徊，他没有迈出脚步。

日复一日，小王总是以各种理由推迟运动计划。每当站在跑道的起点，他总是找很多借口，从未真正开始。他的身体状况因为缺乏锻炼而逐渐恶化。他开始后悔没有听从医生的建议，没有在当初就激发自己的内在动力，持续前行。

今天感觉好累，不然晨跑就算了吧，明天再说。

在实践中,实现自我激励的具体策略包括但不限于:首先,树立明确的自我认知和坚定的信念,坚信自己能够达成目标;其次,制定可量化、可追踪的短期与长期目标,并进行阶段性的回顾与调整;再次,学会从失败中汲取经验,从成功中获取动力,保持积极向上的心态;此外,要不断丰富知识、提升技能,同时借助榜样的力量,激励自己不断向前;最后,创建一个有利于自我激励的环境,通过正面言语、仪式感以及视觉化的提示,持续提升自我的效能感,为持续前行注入源源不断的内在动力。

朱力非常善于自我激励,比如,清晨,他踏入健身房,站在镜子前调整姿势,深呼吸,给自己打气,然后迎接新的一天的挑战,尽管运动会令他的身体感到疲惫,但他的意志异常坚定。他知道只有不断挑战自己,才能超越极限。

工作日的下午，朱力坐在办公室的书桌前，面对着电脑上复杂的项目计划。他在便笺纸上写下激励自己的话："相信自己，一步步来！"然后将它贴在电脑屏幕旁。每当项目进度不如预期，或是压力如山倒时，他就会抬头看看那张便笺纸，提醒自己保持冷静和专注。

我可以的！每次只关注下一步，最终会完成目标的。

朱力的自我激励并非没有遇到过挑战。有时候，他也会怀疑自己，感到迷茫和疲惫。但每当这样的情况出现，他就会回想起自己在健身房的坚持，那些通过不懈努力达成的健身目标。这些记忆给了他力量，让他重新振作起来。

随着时间的推移，朱力的坚持开始显现成效。他不仅在健身上取得了显著的进步，工作上的项目也一个接一个地顺利完成。

我们既要关注自己的情感需求，也要注重心理调适，培养乐观、坚忍的性格特质，以应对可能出现的挫折和压力。只有通过培养并维持自我激励的能力，才能将执着的信念转化为实实在在的行动，在生命的旅程中保持恒久的耐力和动力，以无比坚定的信念和毅力，跨越一座座山丘，直达成功的彼岸。而这一过程，也将极大地促进个人的成长，实现自我价值的最大化，让生活变得更加精彩而充实。

情绪调节：保持稳定心态，促进执着追求

　　情绪调节是个人内心世界的平衡术，它对于保持稳定心态、促进执着追求具有至关重要的作用。在追求目标的过程中，我们不可避免地会遇到各种挑战和压力，这时，良好的情绪调节能力就如同稳固的锚，使我们的心智之舟在风暴中保持稳定。情绪的波动能够影响我们的决策、专注力和人际关系，因此学会管理自己的情绪，对于保持对目标的持续追求和专注至关重要。这就如同园艺师精心培育花朵，我们需要耐心和技巧来培养和维护积极的情绪状态，这样才能在追求目标的道路上不断前进，不被消极情绪所左右。

　　张伟的项目刚刚结束，紧迫的任务是提交项目报告。办公室空无一人，只剩下他的焦虑和时钟的滴答声。文件铺满桌面，电脑屏幕上

数据图表闪烁着，张伟却心乱如麻。

时间一分一秒流逝，他的心跳随之加速，焦虑和恐惧让他无法集中精神。他尝试深呼吸，但紧张情绪并未缓解。他开始怀疑自己的能力，担忧任务无法完成。最终，在截止时间的前一刻，他勉强完成了报告，心中充满了对未来的不确定和疲惫。

在追求目标的过程中，无论是项目截止的紧迫感，还是工作环境的混乱，情绪管理都是成功的关键。面对压力和挑战，学会调节情绪，接受并合理表达自己的感受，能够帮助我们保持清晰的思路和坚定的决心。

在深夜的工作间，工程师张强面对着一堆杂乱的电子元件和一张画满电路图的纸张，感到自己的心情如同这混乱的工作间，又杂又乱，办公桌上的闹钟声滴答作响，他的情绪开始失控，焦虑和沮丧让他无法冷静思考。

随着时间一分一秒地过去，张强的情绪越发不稳定，他的工作效率受到了严重影响。他试图重新集中精力，但心中的恐慌和不安让他难以平静地思考，焦虑和疲惫不断侵蚀着他的意志。最终，他虽然完成了设计，但质量远远低于预期。

烦死了，这个设计怎么就是不对劲呢？我到底哪里做错了？

情绪调节并不意味着压抑或忽视情绪，而是要理解和运用情绪的力量。积极的情绪可以成为我们前进的动力，而消极的情绪则可以成为反思和成长的契机。通过情绪调节，我们可以将情绪转化为追求目标的正能量。例如，当我们面对失败时，适当的情绪调节可以帮助我们将失望转化为对成功的渴望，将挫败感转化为前进的动力。此外，情绪调节还包括培养感恩、乐观和同理心等积极情绪，这些情绪能够增强我们的社会联系，提升团队的合作效率，从而为我们追求目标创造更加有利的环境。

考试临近，同学们都感到十分焦虑，小林却能保持一份难得的平静。他知道，情绪的稳定是高效学习的关键。每当感到疲惫或困惑时，他会暂时放下书本，进行短暂的冥想或散步，让大脑和情绪得到休息和调节。

小林的这种自我调节能力，让他在繁重的学业中始终保持着头脑清醒、思维清晰和稳定的心态。他不仅顺利通过了期末考试，还在各种学术竞赛中屡获佳绩。

虽然有时会感到困难，但我知道每一次努力都会让我更接近梦想。

　　情绪调节不仅能帮助我们在面对挑战时保持冷静和清醒的头脑，还能将情绪的力量转化为推动目标实现的正能量。无论是学习、工作，还是生活中的其他方面，培养情绪调节的能力对于我们每个人来说都是至关重要的。通过有效的情绪调节，我们能够在追求目标的道路上更加坚定和从容，即使遇到障碍和失败，也能坚韧不拔，不断前进，最终到达成功的彼岸。

　　近期，张伟在一个关键实验中，有个数据屡屡出现偏差，面对反复出错的数据，张伟心里十分焦急，如果再继续这样下去，他的实验很可能会延期，他迅速调整呼吸，提醒自己："冷静分析，问题必有出处。"随后，他拿起笔，在笔记本的边缘细致列举可能的误差源，从实验条件到操作细节，逐一排查。

　　实验室里只听到他翻页和笔尖摩擦纸张的声音。终于，一个细微的温度控制差异引起了他的注意。他重新调整设置，再次实验，这次，数据曲线终于完美符合了预期。

这个数据错了好多次了，我要冷静下来，仔细分析错在了哪里。

第二篇
执着与个人成长

　　在通往成功的道路上，执着行动与自我提升是促使我们前进的两大支柱。执着行动是我们对目标的坚定追求；自我提升则是我们在行动中不断学习、成长的过程。只有将这两者紧密结合起来，我们才能在实现梦想的旅途中不断前进，超越自我，最终到达心中的理想之地。

执着与自我认知的深化

　　自我认知是指我们对自己内在思想、情感、动机和行为模式的理解。执着的个体通过持续的自我反思和自我探索，能够更清晰地认识自己的优势和局限，从而更有针对性地设定目标和规划行动。这种自我认知的深化是执着追求的前提，它帮助我们保持对自己行动的掌控，确保我们的努力朝着正确的方向前进。深化自我认知还包括了解我们对挑战的反应方式，以及我们如何在压力下保持专注和动力。通过这些认知，我们可以更好地准备自己面对可能的障碍，具备更强的心理韧性和适应性。

这个专业课程和论文对我来说太难了，我觉得我选错了。

　　小陈埋头于图书馆的一隅，厚重的书籍和未完的论文堆满了桌面。邻座学友的讨论声传来："我对我的专业充满热爱，挑战虽大，却乐此不疲。"这番话像针，刺中了小陈的心。他盯着草稿，内心挣扎："我所选的专业难度超出预期，我是否选错了方向？"

　　每日面对复杂的理论，小陈愈发感到力不从心，却未反思是适应问题还是真不感兴趣。他陷在自我怀疑中，未能及时调整策略或寻求帮助，错失了探索真正适合自己研究方向的机会。

> 自我认知的力量在于它能够帮助我们从内心找到前进的动力，即使在困难和挫折面前，也能够保持信心和勇气，继续追求自己的目标。因此，无论是学术还是艺术，深化自我认知都是实现个人成长和成功的关键步骤。

小杨最近陷入了迷茫，他的画布上鲜有新作品诞生。在艺术的道路上，他一直在模仿大师们的风格，却始终找不到自己的位置。一次深夜，面对空白的画布，他感到了前所未有的挫败感。

朋友小陈的话启发了他："艺术是表达自我，不是复制他人。"小杨开始探索自己的情感和记忆，将童年的田野、青春的梦想融入画中，他的画作开始展现出独特的风格。他明白了艺术的真谛：不是模仿，而是真诚地表达自己。他的作品也终于散发出了只属于小杨的光芒。

我总是尝试模仿大师的作品，却不知道自己适合什么。

我们通过深入了解自己的内在需求和愿望，能够找到真正激发自己行动的动力。这种源自内心的激励力量并非依赖外界鞭策，而是由内而发，它能够持续地提供动力，帮助我们在遭遇逆境时保持韧性和积极向上的态度。深化自我认知的同时，也让我们更敏锐地洞察自身优点，勇于直面和改善自身的不足之处。这种由内而外的认知觉醒与自我驱动机制共同构成了个人成就目标及持续发展的基石，它同时要求我们不断突破自我边界，通过掌握新的技能与知识体系，来顺应环境的变化，从而在执着的追求中实现自我超越。

林瑞曾经在写作上追求流行趋势，但总感觉作品缺少灵魂。一次偶然的自我反思，让他意识到真正的创作应该源自内心。他开始探索自己的兴趣和价值观，将真实的情感和思考融入文字之中。

随着时间的推移，林瑞的写作风格逐渐成熟，他的作品开始展现出独特的个性和深度。他不再追求外界的认可，而是专注于表达内心

通过深入了解自己的兴趣和价值观，我找到了属于自己的写作风格。

新作品 –
《内心的声音》

的真实感受。这种由内而外的转变，让他的创作充满了力量和活力。

　　　　自我认知与执着追求之间的关系是相辅相成的。通过自我认知，我们能够清晰地了解自己的内在需求和潜能，同时，执着追求的过程也是对自我认知的不断检验和深化。在这一过程中，我们通过实践来验证自我认知的正确性，并通过自我认知来指导实践，形成一个正向的循环。就像上个故事中的林瑞，当个人创作与内在自我认知相结合时，作品便能够焕发出独特的生命力，而这一点在职业发展中同样适用。

　　于梅在职业道路上曾有过一段迷茫期，她不清楚自己的定位。后来，她开始深入寻找自己的兴趣和长处，通过学习新技能和参与行业交流，她逐渐清晰了自己的市场定位。

　　但是，于梅的转变并非一蹴而就。首先，她勇敢地面对了自己的不足；其次，她积极寻求改进，然后逐渐建立起个人品牌，慢慢地，她赢得了行业内的认可。

　　后来，她开始在一些平台上分享了自己的心得，帮助了许多人理解自己的专业，并找到了自己的发展方向。

通过不断学习和自我反思，我能够更好地理解自己的专业，并帮助他人。

话题：
个人品牌建设－
从自我认知到市场定

执着挖掘内在力量，助力目标的实现

德国哲学家尼采曾说："人必须学会从自身深处汲取力量。"这种力量不仅仅是对个人潜能的深度挖掘，更是对自我认知体系的不断完善，对意志品质的精雕细琢，以及对能力极限的勇敢挑战。挖掘内在力量并非一时兴起或简单决心所能奏效的，它是一个持久且深入的过程，渗透于我们日常的生活，通过不断的自我反思、系统学习以及亲身实践，激活沉睡于内心深处的能量源泉，并将这些力量逐步转化为推动目标实现的强劲动能，在面对各种困难与挑战时，我们才有足够的底气与实力去搏击风浪，勇往直前。

刘云曾经的作品充满活力和创新，但他发现自己越来越难以找到创作的动力。他试图通过参加各种社交活动来激发自己的灵感，希望

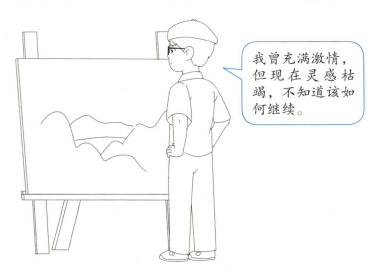

我曾充满激情，但现在灵感枯竭，不知道该如何继续。

从中找到新的创作火花，但这些努力并没有带来实质性的帮助，因为他忽视了内心世界的探索和自我反思。

很快，刘云的创作就陷入了停滞，他的工作室里堆满了未完成的画作，他的艺术生涯也陷入了低谷。

> 在追求创造性成就的过程中，外界刺激可能带来瞬间的启发，但持久的创造力和动力源自深入的自我探索和内心世界的挖掘。真正的内在力量，是通过自我认知和不断地自我提升来实现的。如果无法勇敢地面对自我，那么灵感就会枯竭，继而无法实现梦想。

小李曾立志成为一名作家，但每当他想要动笔时，内心的迷茫和恐惧就会将他淹没。他的生活充斥着对失败的担忧，这让他无法专注于创作。而且，他一直不敢面对真正的自己。每次想要和心里的自己对话时，总是因为惧怕就半途而废了。

他常常在深夜里反思，乱七八糟地想了一通，却始终未能突破自我，小李害怕自己的作品不够完美，害怕他人的评判，这些恐惧成了他前进道路上的绊脚石。因此，他的灵感渐渐枯竭，他经常在桌前枯坐一整天，却一个字都写不出来，日复一日，小李的梦想逐渐变得遥不可及。

最大的障碍并不是外界的困扰，而是内心的迷茫。

我的目标明明就在眼前，但为什么我就是迈不出这一步呢？

我们要清楚自身的优势和亟待提升的方向，从而设定明确可实现的目标，然后通过系统化的学习、实践锻炼以及经验的累积，逐步提升专业技能，全面发展个人综合素质。同时，我们应积极学习并运用情绪管理的策略和技巧，提升面对压力与挫折时的抵抗力和恢复力。在追求目标的过程中，要不断强化和稳固意志力，确保在任何艰难险阻面前都能保持高昂的斗志和持久的耐力。面对目标实现过程中出现的各种复杂状况，要灵活调整策略，持续深入挖掘和优化内在力量，使其更好地服务于目标的达成。

李欣是个职业女性，常感压力巨大，工作也总止步不前，每天都很焦虑。某日，她蓦然回首，察觉自己在忙碌中失去了方向，于是，她决定主动寻求改变。

她通过晨跑来缓解紧张的情绪，通过看书来寻求他人的经验帮助，记录每日工作与生活中的点滴心得，了解并接纳自己的优点与不足，当面临工作中的困难和人际矛盾时，她不再立即作出反应，而是

书中的每个故事都在启发我，我要学会如何更好地利用我的内在力量。

自我反思 - 识别自己的优势和弱点 制定提升计划。

沉下心来，深入探究问题的根源，以理智和智慧作出判断。

这本书给了我很多启发，我也要像作者一样，勇敢地面对自己的恐惧。

一次，团队负责的重要项目突然陷入僵局，众人一片愁云。李欣却在此时挺身而出，她带领团队冷静分析失败原因，提出了一份既兼顾团队情感又符合商业逻辑的解决方案。经过一轮轮细致打磨和实践验证，项目最终迎来了转机，取得了令人瞩目的成果。

随着时间的推移，李欣与团队一起走过风雨，项目不但顺利推进，而且还得到了客户的高度认可。这一系列的经历让李欣深刻体会到，挖掘并释放内心深处的智慧与力量，正是实现目标的关键所在。

执着挖掘内在力量，是在深入了解自我本质、明确个人优势与不足的基础上，运用科学有效的策略与方法，逐步唤醒并释放内心深处隐藏的巨大潜能，将其转化为锐意进取、勇攀高峰的持久动力。在实现目标的道路上，这种挖掘过程也有助于我们在面对复杂多变的局面时能迅速调整，做到游刃有余，将我们的竞争力推向新的高度，使我们在激烈的角逐中脱颖而出，展现出更强的生命力与创造力。

坚守自我，铸就执着的个性

　　一个能够坚持自己的价值观和信念的人，往往能够在生活的波涛中保持稳定，即使在群体压力或社会期待与个人信念相悖时，也不会随波逐流，不放弃自己的立场。这种坚持，虽然可能会伴随孤独或不理解，却让我们在复杂多变的世界中保持清晰的方向，实现个人成长和发展。在团队和组织中，这样的人能够鼓舞同事，提升团队的凝聚力和战斗力，能够在人际关系中树立诚信和坚定的榜样，从而赢得他人的尊重和信赖。同时，他们的执着和坚持，也能够激励他人追求卓越，为实现更高的目标而努力。

我原本追求的是自由和创新，但现在只是在重复别人的想法。

　　小王曾是团队中充满活力的一员，他的想法新颖，常常能为项目带来创新的火花。然而，他发现自己现在越来越难以保持初心。团队的期望和市场的需求逐渐塑造了他的工作，他开始放弃自己的创意，转而去迎合那些看似更安全、更受欢迎的想法。

　　在不断的妥协中，小王的个性和执着逐渐被磨平。他开始机械地完成工作，不再有往日的激情和创造力。同事们注意到了他的变化，纷纷感到惋惜。他们非常怀念那个敢于提出不同意见，勇于实践新想法的小王。

在追求成就的过程中，执着个性的人之所以能引领变革，是因为他们敢于坚持己见，展现自信与勇气。但很多个体会因外界期望而逐渐丧失个性和执着，这种妥协不仅削弱了创造力和激情，还可能让人变得机械和失去自我。

小李一直是个有自己独特品位的人，但渐渐地，他开始被周围的潮流和他人的看法左右。他的生活充满了"应该"和"必须"，却越来越少地问自己"我想要什么"。小李的衣橱里挂满了流行服饰，书架上摆满了畅销书籍，但他的内心感到空虚。

他开始意识到，自己已经很久没有按照自己的意愿做出选择了。在追求他人认可的过程中，小李失去了自己的方向和个性。

要铸就执着的个性，需要我们具备十足的坚韧和毅力，在面对各种挑战时能够不屈不挠。这种个性源自深刻的自我认知，即个人对自己能力的清晰了解，包括认识到自己的优势所在和需要改进的地方，同时，它能促使人们在逆境中挖掘潜力，寻找克服困难的途径，而不是轻易放弃。此外，执着的个性也是对自己追求目标的坚定承诺，这不仅能够帮助我们在职业上取得成就，也能够在个人生活中带来满足感和幸福感。通过这样的努力，我们能够不断地突破自我限制，实现个人潜能的最大化，最终取得人生的成功。

小陈是一位年轻的舞者，她的舞蹈充满了个性和力量。然而，小陈也曾面临挑战。在一次重要的舞蹈比赛中，评委们更倾向于那些模仿流行舞步的表演。小陈的原创舞蹈尽管充满情感和创新，却未能获得预期的认可。

面对这样的挫折，小陈并没有选择放弃自己的风格去迎合评委的喜好。她坚信，真正的艺术应该表达真实的自我。在随后的日子里，她继续坚持自己的舞蹈创作，不断磨炼技艺，同时也在社交媒体上分

享自己的舞蹈视频，她的独特舞蹈逐渐受到了更多人的关注和赞赏。

在追求个人艺术表达和职业发展的道路上，个体经常面临是否迎合主流标准的抉择。真正的艺术和创新往往源于对自我真实性的坚持，即使在遭遇不理解或挑战时，保持个性和原则才是获得长远认可的关键。

在多元化的交流中，我们要保持开放的心态，同时坚持自己的立场，通过建设性的对话寻求共识。最终达到实现超越，赢得他人的尊重和支持。

小周作为团队的领导者，总是能在关键时刻提出令人振奋的想法。在一次团队会议上，他再次站在众人面前，信心满满地展示着他精心策划的新项目提案。

他的方案不仅突破了传统的框架，还巧妙地融入了创新元素，让人耳目一新。小周的提案最终得到了团队成员的全力支持，他的坚持和创新精神不仅推动了项目的成功，也加强了团队的凝聚力。

执着面对批评，将其转化为成长的动力

在追求成功的道路上，批评是不可避免的，批评既可以是建设性的反馈，也可以是无益的指责。执着的人懂得区分批评的性质，他们能够以开放的心态接受外界的意见，从中吸取有价值的信息，用以改进自己的工作和行为，将其转化为个人成长的动力。这种能力不仅体现了个人的成熟度，也是不断进步和完善自我的重要途径。正如美国前总统约翰·肯尼迪所说："最大的勇气不是面对死亡，而是面对必要的批评和改正自己的错误。"执着的人正是通过这种勇气，将批评转化为个人成长的阶梯。

小陈曾是公司里备受瞩目的设计师，他的想法新颖，作品屡屡获奖。但随着名声日增，他开始对自己的才华过于自信，对任何形式的批评都排斥。

一次，小陈负责一个关键项目的设计工作，然而在评审会上，他的设计方案遭遇了前所未有的批评。市场部认为设计过于前卫，可能不符合目标客户的口味。

面对这些反馈，小陈却显得固执己见。他认为自己的理念是超前的，市场部和客户代表的批评只是因为他们缺乏远见。"我不需要别人告诉我怎么做，我的方法才是最好的。"小陈在心中坚持。

项目继续推进，但市场的反应并不如预期。小陈的设计在市场上遭遇了冷落，销量远低于预期。小陈的同事和上司开始对他的能力产生怀疑。他们曾试图帮助他，提供反馈，希望他能够改进，但小陈的自负和拒绝改变让他们的努力付诸东流。

小陈的职业生涯就此开始走下坡路。他失去了团队的信任和支持，他的设计方案不再被采纳，他的意见也不再被重视。

正确看待批评，坚持从批评中学习和进步，是成功人士身上共有的特质。他们知道，成长和成功往往伴随着挑战和批评，而正是这些经历塑造了他们的韧性和智慧，让他们不仅赢得了他人的尊重，也为自己的成功奠定了坚实的基础。

执着的人在面对批评时，会仔细聆听批评的声音，不论是来自同事、上司还是客户，然后通过客观地分析，识别出需要改进的真实问题，而不是仅仅停留在表面的指责上。

一旦识别出关键问题，他们便会制定具体的改进计划。这个计划可能包括学习新技能、调整工作方法或者改变某些行为习惯。重要的是，他们不只是制定计划，还会付诸实践，通过具体行动来解决问题。这种从批评中学习并采取行动的过程，形成了一个积极的反馈循环，不仅帮助个人避免重复错误，还能够促进创新思维和提高工作效率。

晓东是一家广告公司的设计师，他的最新设计方案在内部评审会上遭到强烈质疑。同事们指出设计缺乏创意亮点，视觉效果平淡无奇，不能吸引目标客户群，晓东原本信心满满，此刻却倍感失落。

不过，他很快就继续投入到工作中。他首先将所有意见整理成清单，详细分析每一条批评背后的实质问题，然后查阅大量行业资料，对比分析获奖设计案例，从中汲取精华。

晓东主动找领导和同事沟通，询问他们对于理想设计的看法，甚至不惜牺牲休息时间，参加线上设计研讨会，拓宽视野，提升审美水平。另外，他每天晚上加班加点，反复修改设计方案，力求在色彩搭配、图形布局、信息传达等方面有所突破。

经过一个月的努力，晓东拿出了一份全新的设计稿。这次的设计充分考虑了目标群体喜好，巧妙融合了流行元素与企业文化，视觉冲击力明显增强。在新一轮的评审会上，晓东的方案赢得了一致好评，最终被客户采纳并在市场上取得了良好的反响。

在实际生活和工作中，批评鞭策我们审视自身的不足，激励我们精益求精。正如著名心理学家卡罗尔·德韦克在其成长思维模式理论中强调的那样，接受并批评从批评中学习，是培养成长型思维，挖掘个人潜能的关键。因此，唯有真正执着地面对批评，我们才能在面对挑战时保持警醒，持续进步，既能让我们在人际关系和社会互动中积累智慧，提升个人魅力，又能在成功的道路上不断攀登，直至登峰造极。

打造积极心态：执着于乐观与自信

　　乐观被视为一种心理防御机制，能够帮助我们在面临困境时保持积极的情绪，降低精神和心理负担。正如励志作家罗伯特 · 舒勒曾指出："乐观是成功的催化剂，缺乏乐观精神的人往往难以把握生活中的机遇。"因此，无论身处何种生活环境，尤其是面对激烈竞争的职场生活，每个人都应当致力于培养并保持乐观自信的心态，减少负能量的侵袭，扩大积极情绪的影响力，用乐观替代消沉，用自信取代疑虑，从而在追求成功的过程中注入更多活力与乐趣，实现自我价值的最大化，并最终在人生的舞台上绽放光彩。

　　小李最近工作压力过大，他总是感到疲惫和沮丧，每天的工作对他来说变成了一种负担。

　　一天，同事们都兴奋地讨论着项目进展，小李却提不起兴趣。随着项目的推进，小李的表现越来越差。他不再积极参与讨论，也不再

提出新的想法，他的消极态度影响了整个团队的士气。同事们注意到了他的变化，试图鼓励他重拾乐观和自信。然而，小李已经深陷消极情绪中，无法自拔。他开始逃避工作，甚至考虑辞职。最终，他没有等到项目结束就离开了公司。

面对挑战，个体的乐观与自信是重要的心理资源，有助于理性分析问题并做出决策。然而，当压力导致的消极情绪来临时，如未能及时调整，可能会导致逃避和放弃，影响个人成长和团队表现。因此，及时的自我反思和积极应对策略对于恢复信心、克服困难至关重要。

赵文这次考得非常不理想，他坐在书桌前，成绩单上的分数让他心情沉重，他开始怀疑自己的能力，感到迷茫和沮丧。尽管父母和老师鼓励他从失败中学习，赵文却陷入了自我否定中，他没有分析失误，也没有制定新的学习计划，而是逃避学习，远离了曾经的梦想和目标。朋友们试图支持他，但赵文未能重拾信心，继续在消极情绪中徘徊，这导致他后来的考试依然没有考好。

执着于乐观与自信的修养要求我们在日常生活和工作中不断学习、实践及进行深度自我反思。心理学家马丁·塞利格曼提出的PERMA模型，即积极情绪、投入、关系、意义和成就五个维度构成了幸福感和成功的基石，而乐观与自信恰是贯穿这五个维度的精神主线，共同构建起一个强大的心理支撑体系。

与此同时，乐观与自信促使我们寻找生命中值得为之奋斗的目标。这种内在的力量推动我们不断追求卓越，勇敢地去实现个人的成就，同时也将幸福和成功的体验深深镌刻在生命的历程之中。

刘林最近立志要做一个健身达人，他开始严格遵循锻炼计划和饮食控制。起初，进步缓慢，身体的疲惫和挑战让他多次想要放弃。但刘林不断提醒自己勿忘初衷，坚持了下来。

随着时间的积累，他的体型开始发生变化，肌肉逐渐显现，朋友们的赞赏让他更加自信。一次意外导致了受伤，医生建议他暂停锻炼，这让他感到沮丧。不过，刘林没有放弃，他调整训练，专注于恢复，伤势好转后，刘林带着更坚定的决心回到了健身房。

每次看到进步，我都更加相信自己能够实现更高的目标。

　　乐观与自信在挑战与逆境中培养而成。面对困难，积极的心态能增强自我效能感，帮助我们将挑战转化为成长机会。心理学家认为，乐观与自信的思维方式是逆境中崛起的关键，它们不仅能促进个人的坚持和努力，还能激发潜能，影响他人。

　　在现实生活中，无论是开展健身活动、做好学术研究，还是促进职业发展，乐观与自信的态度都是推动我们前进的动力，让我们在失败时迅速调整，从挫折中学习，继续追求卓越。

　　小雯是个非常乐观自信的人。她的生活并非一帆风顺，挑战和困惑也曾出现在她的求学之路上。但这些并没有击垮她，反而激发了她内在的力量。面对困难，小雯选择了自我反思和学习，通过不懈的努力，小雯建立起了超强的自信心。她不再被问题困扰，而是学会了主动寻找解决问题的方法。

　　小雯的乐观和自信也影响到了周围的人。她的朋友们常说，小雯就像一束光，照亮了他们的道路，让他们相信只要有信念和勇气，就没有什么是不可能的。

我对这个专业充满兴趣，每次学到新知识都让我更加自信。

执着学习：不断提高与自我迭代

　　执着学习意味着对知识的持续追求和对技能的不断磨炼，那些始终保持进步的人，无不展现出对知识的极度渴望、独立思考的敏锐判断力以及对多元知识领域的深入探究。他们勇于拓宽认知边界，无畏于学习过程中遇到的难题和挑战，通过日积月累的艰苦努力，实现自身知识体系与能力结构的不断更新与升级。就像古人所说的："学海无涯，唯勤是岸。"在当今竞争日趋激烈的环境中，唯有持续学习、不断迭代自我，才能确保我们在时代洪流中保持竞争优势，实现个人价值的最大化。

　　小林是计算机专业的一名学生，面对晦涩难懂的编程语言和复杂的算法，他经常感到枯燥无味。每当他踏入计算机房，看到屏幕上滚动的代码，他的思绪就开始飘忽。图书馆成了他逃避的地方，尽管桌上摆着专业书籍，他的注意力却总是被电脑上的社交媒体和视频网站吸引。

　　小林对编程的学习并没有太大进步。他开始怀疑自己是否适合这个专业，是否能够跟上同学们的步伐。在一次年度编程大赛中，他在赛前突击了一段时间，也报了名，但比赛太难了，他很快就被淘汰了。获奖名单出来后，同学拉他一起去围观，看到别人的名字在获奖名单上耀眼夺目，这让他感到了前所未有的挫败感。

小林看着获奖的同学，心中五味杂陈。他意识到自己与他们的差距，并非天赋，而是在于努力和坚持。他回想起自己刚入学时的雄心壮志，那时的他满怀对计算机科学的好奇和热情，并努力学习了一段时间，但慢慢地，他就忘记了初心，被琐碎的娱乐分散了注意力，导致现在的他十分懊悔。

执着学习不仅赋予个体深厚的知识积淀和独特的思维视角，还使他们在人群中独树一帜，更关键的是，他们能凭借这种扎实的基础和新颖的观点，对各种事物展开别具一格的解读。这种解读方式常常富有启发性和前瞻性，激发周围人从更高的层次和更广阔的视野去思考问题。

在当今快速发展的时代背景下，执着学习尤为重要，唯有通过持续的自我迭代和深度学习，我们才能适应日益激烈的社会竞争，解决复杂多变的问题。而学习的方式有很多种，比如，我们可以利用在线课程自学，随时随地获取最新的学术研究和行业动态，或者参加工作坊和研讨会，与同行交流、分享经验。此外，还可以通过项目式学习方法来锻炼自己，此种方法需要我们主动出击，将理论知识应用于实际情境中，这既能够加深我们对知识的理解，又能够锻炼我们的创新能力和团队协作能力。

小李是一名对编程充满热情的年轻学者，他的书桌上总是堆满了各种参考书籍和笔记，笔记本电脑上永远闪烁着代码编辑器的界面。

后来，小李成为了一名软件工程师。在一次团队会议上，他自信地站在会议室前端，向同事们展示他在项目中取得的新进展。他的同事们认真地观看演示，点头认可，对小李的想法表示出由衷的赞赏，认为这不仅提升了软件的性能，更展示了他对技术的不懈追求。

通过不断学习和实践，我在编程上取得了显著的进步。

　　小李的成功建立在他对学习的执着上。他不断地通过在线课程自学，紧跟最新的学术研究和行业动态。他还积极地参加各种工作坊和研讨会，与业界同仁交流心得，不断扩展自己的知识边界。

　　此外，他采用了项目式学习方法，主动将所学知识应用于实际项目中。这不仅加深了他对新知识的理解，也锻炼了他的创新能力和团队协作精神。后来，在公司承担的一个关键项目中，小李的创新方案极大地提升了产品的竞争力，赢得了市场的认可，而他也获得了晋升。

　　学习者在积累知识的同时，也要不断地评估和调整自己的学习方法。通过定期回顾学习成果，能够识别出哪些策略最有效，哪些需要改进。这种自我评估的过程能够促使学习者持续优化学习计划，摒弃不再有效的方法，采纳新的、更具成效的策略。正如托马斯·爱迪生在发明过程中不断试验和调整，执着的学习者也通过不断地实践和修正，逐步提升学习的效率和质量。

执着优化习惯，重塑行为模式

　　在追求卓越的旅途中，执着不仅是对目标的坚持，更是对习惯的不断优化和行为模式的重塑，这种优化和重塑，是在已有习惯基础上的进一步提升，是对自我要求的不断升级。英国哲学家弗朗西斯·培根曾说："习惯是一种巨大的力量，它可以主宰人生。"而执着地优化日常习惯，意味着我们在追求目标的过程中，要不断地审视和调整自己的行为，使之更加高效和有序。因此，我们要持续优化自己的日常习惯，一点一点地重塑自己的行为模式，以此来提高工作效率，从而更快地接近目标。

　　小陈坐在办公椅上，手里的笔轻轻敲打着桌面，他的目光在未完成的项目报告和手中长长的待办事项清单之间徘徊。每一项任务都只

我应该优化我的工作习惯，但每次都懒得动。

项目报告

是开了个头，鲜有画上句号的。他的书房内部如同他杂乱无章的内心，书架上的书籍东倒西歪，书桌上铺满了未整理的文件和散落的笔。在这个空间里，他虽拿起笔准备记录，却总是因为心神不宁而无法开始。

他深知，要想提升工作效率，就必须改善自己的工作习惯。但是，每当他尝试整理桌面或制定新的工作计划时，懒惰和拖延的情绪总会悄然而至。刚开始时他充满热情，但不久这份热情就会消退，导致他的努力总是有始无终。而那些计划，就像他未完成的项目报告一样，最终被放置一旁，慢慢被遗忘。

计划是好的，但每次都坚持不下来，习惯太难改了。

日子一天天流逝，小陈的工作和生活并没有因此而有所改变。他的办公桌上依然堆满了文件，电脑屏幕上的项目报告依旧停滞不前，而他内心对于改变的渴望也随着时间的流逝而逐渐消逝。

优化习惯需要设定具体可行的改进目标，并为之制定详细的行动计划。例如，如果想要提高工作效率，可以设定每天专注于工作的时间，并在这段时间内避免任何干扰。同时，通过记录和分析自己的行为模式，可以发现哪些习惯需要改进，哪些行为需要坚持。

在重塑行为模式的过程中，执着的精神尤为重要。这需要我们具备自我觉察力、决心和耐心，在面对困难和挑战时不轻言放弃，而是坚持不懈地寻找解决问题的方法。每一次的尝试，无论成功与否，都是我们学习和成长的机会，通过这样的努力，我们能够逐渐摆脱旧有的不良习惯，培养出更加积极和高效的行为模式，从而更好地实现我们的目标，就如同雕塑家细心地雕琢塑像，我们也需以同样的专注与执着，对自身行为进行一次次的打磨与改良，最终形成推动我们不断向前的良性循环。

李明是一名普通的办公室职员，每天重复着相同的工作流程：早上匆匆忙忙地赶到公司，处理一堆繁杂的文件，晚上加班到深夜，然后疲惫不堪地回家。这样的日子持续了好几年，李明感觉自己的生活陷入了一种单调和疲惫的循环中。

一天，他参加了一场关于时间管理和效率提升的讲座，听完讲座后，他决定优化自己的习惯，提升生活质量。

于是，他制定了一个详细的 21 天计划，每天早睡早起，起床后先

运动半个小时，然后规划一天的工作。当工作两小时后，休息十五分钟，这样可以帮助他保持精力充沛。此外，他还利用午餐时间学习新的技能，不断提升自己。

起初，他常起不来，有时也会因为工作的忙碌而忽略了休息。但他不断调整和优化，几个月后，他发现自己的工作效率有了显著提升，他不再需要加班到深夜，反而有更多的时间去做自己喜欢的事情。

随着时间的推移，李明不仅在工作中取得了更好的成绩，他的生活质量也有了翻天覆地的变化。

执着于优化习惯与重塑行为模式，是一种深层而持久的自我变革。这既需要我们面对现实，勇于自我剖析，又需要我们积极寻求改变，持续践行。这一过程可能会伴随阵痛，但只要我们保持坚定与执着，那些小小的改变终将汇聚成强大的力量，推动我们跳出舒适区，实现目标，走向成功。此外，通过这种方式，我们不仅在现实层面上达成了目标，更在精神层面上实现了自我超越与成长。

执着于挑战自我，不断突破舒适区

在个人成长的道路上，挑战自我是实现突破的关键一步。古希腊哲学家赫拉克利特曾说："唯一的不变是变化本身。"由此可见，世界在不断变化，那么为了适应这样的变化，我们需要不断地进化。挑战自我，便是要我们敢于走出熟悉的领域，面对新的困难和未知的领域，这不仅是对个人能力的考验，也是对心态和勇气的挑战。通过不断地挑战自我，我们可以发现自己潜在的能力，提升解决问题的能力，并不断学习新技能，适应新环境，从而在工作和生活的各个领域实现更大的成就。

小李每天重复着同样的生活模式，上班、下班、回家，然后躺在沙发上，沉浸在电视带来的虚拟世界里。他享受着这种安逸，从未想过要改变。即使偶尔听到别人谈论挑战自我，突破舒适区的话题，他

这样太舒服了，挑战自己简直太辛苦了。

也总是一笑置之，认为那些都是别人的事，与他无关。

　　他的生活里没有新意，也没有挑战。每当有新的机会出现，比如公司的新项目或是社区的马拉松比赛，他总是选择回避，心里想着："何必自找麻烦呢？"他害怕失败，害怕改变，害怕走出自己的舒适区。

　　随着时间的流逝，小李的生活依旧如故。他的朋友们开始谈论起他们的新挑战和成就，而小李只能分享他的电视节目和沙发的舒适度。

　　有一天，小李在电视上看到了一个关于挑战自我的节目。他看到了那些人勇敢地走出舒适区，迎接新的挑战，但他只是摇了摇头，关掉了电视，继续沉浸在他的舒适区中。他告诉自己："那些都是别人的生活，我只要过得舒服就好。"

　　舒适区是个人习惯和能力的安全边界。执着于挑战自我，要求我们有意识地走出这个边界，面对新的挑战。在这个过程中，我们可能会遭遇失败，但失败本身是成功的垫脚石，而且每一次的突破都是对自我能力的考验，也是一次成长的机会。

　　执着于挑战自我并非盲目冒险，而是需要策略和计划。首先，我们需要设定具体而有挑战性的目标，然后制定出一系列切实可行的步骤，将这些目标分解为可管理的小任务，并逐一攻克。在这一过程中，持续的自我反思至关重要，这要求我们诚实地评估自己的行为和成果，识别哪些策略带来了积极的效果，哪些做法需要调整或改进。

　　同时，面对挑战，我们还需要培养一种开放的心态，愿意接受新的知识和不同的观点。这样，我们不仅能够提升个人能力，还能够在工作和个人生活中实现更大的成就。

　　小李总是追求超越，不满足于现状。他立志成为科技领域的先锋，为了这一宏伟目标，他制定了周密的策略，将宏伟愿景细化为一系列切实可行的小目标。在实验室里，他以严谨的态度对待每一个实验，不断自我审视，确保每一步都朝着目标迈进。

　　面对未知的挑战，他始终乐于吸纳新知，倾听不同的声音，这让他的视野更加开阔，思维更加活跃。他的这种态度不仅让他得到了成长，也为他赢得了同行的尊重和认可。

将愿景细化，这样有助于目标的实现。

项目经理小张是个从不惧怕挑战的人，他的职业生涯就是一次又一次突破自我的过程。在新项目启动会上，他向团队展示了创新的项目提案，要求技术革新与团队协作的完美融合。同时，他制定了行动计划，细化了项目，确保每个阶段都有清晰目标和时间节点。还倡导团队创新，鼓励团队不断优化方案，并以开放的心态倾听团队意见，尊重每个人的想法。

这个项目比以往的更具挑战性，但我们一定能够突破限制，创造佳绩。

项目提案

小张的领导力和对挑战的执着，激发了团队成员的潜力，推动他们超越自我，共同创造了佳绩。

在社会中，执着于挑战自我并不断突破舒适区的人，往往能够更好地适应变化，把握机遇，因为他们不畏惧变化带来的不确定性，而是将其视为成长和学习的机会。这种积极的态度不仅有助于个人发展，也能够激励周围的人，提升整个团队或组织的适应能力和创新能力。因此，在快速发展的现代社会，我们要不断地挑战自己，实现自我超越，成就更好的自己。

执着于细节，追求卓越和完善

　　无论是在宏大工程的构建中，还是在微观任务的执行中，对每一个细微环节的极致追求和精准把控往往是决定最终成果优劣的关键。正如老子在《道德经》中所言："天下大事，必作于细。"而在当今的社会，不管是科学研究中的严谨实验数据，艺术创作中的微妙笔触，企业管理中的精细运营，还是个人成长中的积累，都将细节的注重和卓越的追求视为一种执着的精神导向。这要求我们对所有环节都投入足够的心力与专注，因为只有这样，才能实现从平凡走向非凡的质的飞跃。

　　发明家李明总是急于求成，对细节缺乏耐心和专注。面对即将到来的展示日，他的一台机器出了问题，他围着机器一遍又一遍地做着检查，但总是流于表面。助手知道他的毛病，担忧地提醒了他几次，但李明坚信自己的直觉，他认为时间紧迫，没有多余的时间来反复检

先生，您确定不需要再检查一下这些细节吗？

没时间了，我相信它没问题。

查，因此忽视了一个很重要的细节。

展示日到来了，机器启动时再一次出现了故障，李明的疏忽导致了失败。他执着于速度而非卓越，最终让一切努力付诸东流。

> 在快节奏的创新和商业活动中，我们必须保持冷静和理性，避免急躁和直觉的误导。面对失败，应深刻反思，调整策略，从而提升专业能力，确保目标的圆满实现，而忽视细节则可能导致严重的后果，甚至前功尽弃。

在一次重要的项目提案会议上，小王的团队因为一个细微的计算错误，导致提案被客户退回。

客户站在他办公桌对面，眉头紧锁，手里递给他退回的提案，指出细节错误。小王非常惊讶，难以置信自己的团队会犯此等错误。这个失误不仅让他们失去了重要客户，也让他意识到，忽视细节的代价是昂贵的。

此事成为了小王职业生涯中的一个转折点，他开始深刻反思，逐渐学会在追求效率的同时，更加注重工作的精准度和质量。

执着于细节，追求卓越，要求我们在面对挑战和困难时，不拘泥于现状，始终保持锐意进取的态度，持续寻求改进与优化的空间。同样，在个人职业生涯发展或学术研究过程中，我们需要对自己的知识体系、专业技能、工作态度以及生活习惯等方方面面进行深度剖析和精心塑造，力求从最小的单元做起，通过日积月累的精细化管理与不断提升，铸就通向成功的道路。而每一次对细节的严格把控和对完美的执着追求，都是我们向成功迈进的坚实脚步，也是在实践中彰显个人价值与品质的最好印证。

设计师小林的设计理念是将每一个细节都做到极致，她对自己的作品有着近乎苛刻的要求，总是不断地推敲和改进，力求达到最佳状态。

在一次重要的设计项目中，面对复杂的设计要求和紧张的时间压力，她没有选择匆忙完成，而是深入挖掘每一个细节，确保每一个部分都符合她的高标准。最终，小林的设计作品在众多竞争者中脱颖而出，赢得了客户的高度认可。

你总是这么细致，难怪我们的产品总是无懈可击。

细节是品质的基石，每一处都不容忽视。

执着于细节重在紧抓品质、放眼未来、深耕细节。无论我们在哪个岗位，从事什么行业，都不能对任何可能会牵一发而动全身的小细节掉以轻心。相反，我们要像手艺人一样，对每个环节都投入十二分的专注和敬业，一点一滴地去打磨，确保每个步骤都尽善尽美。这样做，就是为了防微杜渐，不让小的疏忽酿成大的遗憾，从而确保整个计划顺利推进，目标得以实现。

工匠宋师傅以其精湛的技艺而闻名。小张被宋师傅的技艺所吸引，特意过来拜师，希望能学到宋师傅的精髓。

小张观察到，宋师傅在制作过程中总是一丝不苟，对于手表表带的每一处打磨都倾注了极大的精力，宋师傅常常教导他，细节才能成就完美的作品，受到宋师傅的教诲和影响，小张也特别注重每一个小环节，通过不断练习，逐渐地，他的技艺也有了显著的提升。最终，小张也成了一位出色的工匠，他的作品同样开始受到人们的认可和赞赏。

第三篇
执着的策略与执行

　　在人生的竞技场中，执着精神驱使我们矢志不渝地追求目标，而强大的心理建设则赋予我们在挫折面前坚韧不拔的力量。二者相互融合，构筑了我们内心世界的铜墙铁壁，让我们在风起云涌的时代浪潮中，以笃定之心，从容应对人生起伏，不断攀登实现自我价值的高峰。

执着于行动：将信念转化为具体行动

古人云："非知之艰，行之惟艰。"中华传统文化历来崇尚知行合一的精神。事实上，无论多么崇高而坚定的信念，若不能通过实实在在的行动得以践行，就只能停留在空想阶段。正如伟大文学家鲁迅先生所言："地上本没有路，走的人多了，也便成了路。"我们只有勇敢地迈出步伐，用双脚丈量现实的土地，才能把心中的愿景转变为可触碰的现实。因此，将执着信念转化为具体行动的过程，恰似铸剑师手中的铁锤和砧石一样，唯有经过千锤百炼，方能使信念之剑锐利无比，照亮并指引我们现实生活中的道路。

小陈的工作室里，未完成的画布和凌乱的画具随处可见，他总是满怀激情地站在画板前，却始终没有动手画画。他的心中充满了创作

我一定要画出一幅震撼世界的杰作！

一幅震撼世界的杰作的梦想，但这份梦想从未实现。

尽管他经常自言自语，"我一定要画出一幅震撼世界的杰作！"可他只是站在原地，沉浸在自己的构想中，从未真正开始创作。时间一天天过去，小陈的工作室依旧杂乱无章，他的梦想也始终停留在空想阶段。

> 将信念转化为行动，首先要明确目标与规划，然后深入剖析自己的信念内涵，制定出清晰可见的行动计划，并持之以恒地朝着既定目标迈进。但有些人缺乏将梦想转化为现实的行动力，他们沉浸在宏伟的构想中，却未能迈出实现梦想的步伐，最终只会一事无成。

小李每天都在床上规划着他的健身计划，心中充满了变得健康强壮的梦想。然而，每当晨光透过窗帘，提醒他起床锻炼的时候，他总是选择翻个身继续睡觉。他的信念十分"坚定"，却从未转化为实际的行动。哑铃和瑜伽垫堆放在房间的角落里，上面慢慢地覆盖了一层薄薄的灰尘。

我要健身，变得健康又强壮！

随着时间的流逝，小李的健身计划始终只是一纸空文，他的健身卡也从未被激活。他的梦想和信念，因为没有行动的支撑，最终只能沦为空想。

进一步讲，行动和实践并非孤立的行为，而是个人成长与社会进步的交响曲。当我们怀揣执着信念，将其融入日常行为时，不仅自身品格会得到升华，还会带动周边环境乃至整个社会的进步。伟大的发明家托马斯·爱迪生曾说："天才是百分之一的灵感加上百分之九十九的汗水。"这同样适用于信念与行动的关系，无论何种创新理念，若不辅以扎实的努力与实践，终究无法产生实质的影响。因此，每一位具有执着信念的人都应当成为行动的引领者，通过自身的实践证明信念的价值。

小赵的梦想是成为一名顶尖作家，每天，他都会准时坐在电脑前，开始他的写作之旅。他的手指在键盘上飞舞，将心中的构思转化为文字。他不仅坚持写作，还不断学习，吸收新知，提升自己的文学素养。

终于，经过无数个日夜的努力，小赵的写作技巧日益成熟，他的小说草稿逐渐丰满，故事的情节更加扣人心弦。他的执着和努力没有

白费，终于，他的小说被一家知名出版社看中，并成功出版。

> 将梦想转化为现实的过程，是一段从精神追求到实际成果的旅程。这要求我们不仅要有坚定的信念，更要有脚踏实地的行动。在这一过程中，我们需坚守初心，勇于面对挑战，并在实践中不断学习、创新和适应变化。
>
> 执着的信念是推动我们前行的内在动力，而具体的行动则是实现梦想的必要途径。通过不懈的努力和持续的自我提升，我们可以逐步克服困难，将理想转化为成就。

期末考试将至，小林决心考取好成绩。他制定了学习计划，每天清晨便开始复习，钻研每个科目的重点。图书馆成了他的第二课堂，他在那里深入学习，积极参加学习小组，与同学讨论，共同进步。

考试临近，小林通过模拟测试检验了自己的学习成果，及时调整策略。考试日，他信心满满地走进考场，冷静作答。成绩揭晓时，他不仅通过了考试，还荣获全班第一。他的努力得到了回报。他用行动证明了自己的执着和信念，也展现了行动的力量。

我必须通过接下来的考试，我会每天复习一些知识点，直到完全掌握！

抵制诱惑：执着于长远的决策

　　成功的获得往往伴随着无数短期利益的诱惑，然而，只有那些目光长远，能够抗拒眼前小利，坚守原则与目标的人，才能在纷繁复杂的环境中站稳脚跟，实现长远的成功。

　　古罗马哲学家塞内加曾警示世人："真正的自由，并非毫无节制地随心所欲，而在于拥有辨别是非、拒绝诱惑的能力。"可见，成功者具备强大的自律意识和决断魄力，他们能够看穿表象，透视本质，不被眼前的短暂欢愉所迷惑，而是着眼于未来，通过一次次明智的抉择，为自己铺垫一条通往成功的康庄大道。

　　小李目前正面临着艰难的选择。他的办公桌上，一份短期项目合同和一份长期项目计划书并排摆放。短期合同承诺着快速的资金回流和即时的成功，而长期计划则需要时间的积累和持续的努力，代表着公司未来的稳定发展。

　　在公司初创时期，小李和团队一步一个脚印，凭借对产品质量的坚持和对客户服务的承诺，赢得了市场的认可。然而，随着业绩的压力越来越大，短期利益的诱惑变得越来越难以抗拒。

因此，面对这两份计划，小李反复权衡未果。直到深夜，他仍然独自一人留在办公室，在两份文件间徘徊，心中充满了矛盾。短期合同的收益数字醒目，几乎可以立即缓解他的业绩焦虑。而长期计划书则详尽地列出了未来几年的发展蓝图。

在决策会议上，小李最终选择了短期项目。合同签订以后，公司短期内取得了显著的利益，小李也获得了上司的表扬。但随着市场的变化和竞争的加剧，没有长期规划支撑的公司开始显得力不从心。

抵制诱惑，实际上是一种意志力和自制力的体现，这要求我们在众多选择面前，优先考虑长期利益而非眼前的满足，从而避免短视行为导致的长期损失。唯有具备这样的眼光和定力，我们才能沉淀价值，厚积薄发，并最终实现心中的宏图伟业。

执着于长远决策，不仅需要我们培养判断力和预见性，还需要我们勇于承担风险和不确定性。经济学家丹尼尔·卡内曼提出的前景理论指出，人们在做决策时往往会过于关注即时结果，而低估了长期的影响。因此，成功人士往往能够克服这一人性弱点，他们在诱惑面前表现出异常的冷静和理性，能够权衡当前与未来的得失，坚持执行对长远有利的决策。这种执着的品质就如同打造一艘坚固的航船，尽管海面上风浪变幻莫测，但它始终能够乘风破浪，朝着正确的方向航行。

老张的朋友带着一份投资提案来到他的办公室，这份提案涉及一个新兴市场，承诺着丰厚的短期回报。朋友满怀激情地介绍着项目的每个细节，试图说服老张这是一个不可多得的机会。

老张耐心地听着，但内心在权衡。他回忆起自己公司的稳健发展之路，以及他们一直秉承的长期战略。一番深思熟虑后，老张婉拒了这次投资，选择了坚持公司的长期规划。后来，那些追求短期利益的项目并没有带来持久的成功，而老张的公司则继续稳步向前发展。

（左）这个机会能让我们快速赚钱，你真的不考虑吗？

（右）虽然诱惑很大，但风险也大，我不考虑。

面对诱惑和短期利益，坚持长远规划的人能够在重大转折点作出符合长期利益的决策。这种品质不仅在商业投资中至关重要，也适用于个人发展和学业深造。自制力和对长远目标的专注，有助于我们在学业上取得成功，培养面对生活挑战的心理素质。

因此，培养理性与坚定的品质，抵制短期诱惑，专注于长期目标，是我们在复杂世界中保持竞争力和实现自我价值的关键。

小徐正在准备下周的考试，每天都会去图书馆看书。这天，她的朋友拿着两张音乐会的门票，兴奋地邀请她一起去享受即将到来的周末。

那场音乐会是小徐最喜欢的乐队演出，她内心确实有些动摇。然而，小徐知道，如果现在放松，可能会影响她对考试的准备。尽管朋友再三邀请，小徐还是坚持了自己的决定。她继续埋头于书本，尽管外面的世界充满了诱惑，她的目光始终坚定地放在长远的目标上。

高效利用时间，助力执着追求

　　时间是实现目标的基础，执着追求梦想的人会合理安排和利用每一分每一秒，以确保他们的努力能够得到最大化的收益。通过精确的时间管理，我们不仅能提高工作效率，还能为个人成长和学习新知识创造更多的机会。这种方法使我们能够在保持专注的同时，持续地向目标前进，不断地在执着追求梦想的道路上取得进步。有效的时间管理还能够让我们识别并优先处理最重要的任务，同时排除那些可能分散我们注意力的干扰。这样，我们就能够确保在执着追求的过程中，每一步都是有目的和有成效的。

　　小徐生性懒散，做什么总是喜欢拖延，不到最后一刻绝不行动。在他的生活里，时间总是被无意义的琐事占据。客厅成了杂乱的仓库，

衣服、杂志和零食包装随处可见，沙发上的笔记本电脑更多是用来娱乐而非工作。

事情太多了，时间不够用！分不出哪件重要哪件不重要了。

工作日，小徐的办公室同样显得混乱。文件和纸张堆积在角落，办公桌上的显示屏常亮着，却总是显示无关工作的网页和聊天窗口。他的日程安排总是混乱，重要邮件和报告总是被搁置，直到最后期限迫在眉睫，他才开始匆忙应对。

小徐的同事们都对他的拖延行为感到不解。他们经常看到小徐在办公室里忙碌，却鲜有成果。每当有人提醒他提前规划和处理工作时，小徐总是以"时间还早"为由，继续他的拖延。

时间一点一滴地过去，小徐的拖延习惯开始对他的职业生涯产生负面影响。项目延误、工作质量下降，他的职业声誉也因此受损。尽管他有能力和潜力，但因为不善管理时间，这些潜力从未得到充分发挥。

执着的行动需要时间的投入，而时间的价值在于如何使用。擅长时间管理的人，能够在纷繁复杂的事务中抽丝剥茧，找出问题的本质，制定出精准的行动计划，不仅展示其独特的规划与决策能力，还确保持续和专注的努力可以得到最大化的回报。

那么，怎样才能做到高效利用时间呢？

首先，我们需要设定清晰的短期和长期目标，这些目标应该是具体、可衡量、可实现、相关性强和时限性的，即符合 SMART 原则。然后，基于这些目标，制定详细的行动计划，将大目标分解为小目标，为每个小目标分配合适的时间，确保每天都在朝着这些目标前进。

此外，坚定的执行力是实现时间高效利用的关键。这包括培养拒绝那些可能分散注意力或偏离目标的任务的能力，要学会说"不"。只有这样，我们才可以确保每一分投入都直接对准我们的目标，最大化时间的使用效率。

小杨的办公桌总是井井有条，他的日历上用彩色马克笔清晰地标记着每天的工作任务和截止日期。每天早晨，他都会规划一天的工作计划，确保每项任务都有序进行。

他的专注和高效让他在繁忙的工作中游刃有余。即使面对紧急任务，小杨也能保持冷静，合理安排时间，不让任何一项工作落后。他的电脑上，工作计划和提醒总是一目了然，帮助他保持专注。因此，

通过精确的时间管理，我每天都能高效地完成工作，还能留出时间给自己充电。

小杨不仅在工作上总是取得显著成绩，还利用节省下来的时间不断学习新知识，提升了自己的综合素质。

时间管理和精心规划是职场成功的关键。通过有序安排工作任务和截止日期，我们能在压力下保持冷静，提高工作效率，并为个人成长创造空间。持续学习新知识和技能，不仅增强了我们的竞争力，还帮助我们适应未来挑战。合理规划时间也让我们在追求职业目标的同时享受个人生活，实现工作与生活的平衡，在职场中，这种习惯和态度能够建立可靠声誉，使我们在团队中获得认可。

小郑每天下班前，会将第二天的工作做好规划和安排。他的办公桌上，一个精美的计划本总是翻开着，上面列满了第二天的会议、报告和项目截止日期。

第二天，当同事们还在为即将到来的会议手忙脚乱时，小郑已经坐在会议室里，准备充分，信心满满。而且，他总能在截止日期前完成任务，甚至还能提前交付，质量始终保持着高水平，这种工作习惯让他在职场上赢得了"可靠"的声誉，也令他在团队中脱颖而出。

小郑，你的项目总是提前完成，你是怎么做到的？

提前规划，合理分配，每一项任务都精确到分。

每日微进步：执着于小事的累积

　　每日微进步，就是在日常生活中坚持不懈地做好每一件小事，这些看似不起眼的努力，最终却能汇聚成实现目标的强大力量，如同滴水穿石，每一滴水的力量看似渺小，但日积月累，终能穿透坚硬的顽石。正如古语所说："不积跬步，无以至千里。"在我们的日常工作和生活中，可能没有太多轰轰烈烈的时刻，但正是那些每日的小小进步，让我们在不经意间走得更远。这种执着于小事的累积，不仅能够帮助我们建立起稳定的进步模式，还能够在日后，为我们带来意想不到的成就。

　　小李想要写一本小说，但他渴望完美的开始，灵感的迸发，让小说一气呵成。然而，灵感的火花始终没有燃起来，他的小说便一直停

> 我有一个伟大的小说构思，但每天只写一点点，真的能完成吗？

留在构想阶段，未有实际进展。他尝试过每天写两三百字，积少成多，可这个习惯并没有持续下去，因为他的时间经常被其他琐事占据，导致写作不断推迟，那些零星的文字从未能串联成篇。

　　几个月过去了，小李的小说依然只是一个未完成的梦。他开始意识到，没有坚持不懈的努力，那些微小的进步根本不足以支撑起他的梦想。

　　每日微进步的理念强调了持之以恒的重要性，但若缺乏行动，即便是最精心的计划也会变成空谈。许多人在追求目标时，往往因为琐事分心或因犹豫不决而未能持续前进，导致原本微小的进步积累未能达到质的飞跃。

　　小陈面对的项目庞大而复杂，她感到压力巨大。每天的工作进展在他看来微不足道，这让她觉得既枯燥又繁琐。小陈的犹豫和疲惫逐渐累积，她开始逃避每天的工作，这种消极的心态开始影响她的工作表现，项目的截止日期一天天临近，而她的工作台上的模型部件依旧未完成，笔记本上的计划也未能付诸行动。最终，项目的截止日期到来，小陈的模型部件依然散落在工作台上，她的项目未能完成。

这些微进步虽然在当下可能显得微不足道，但长年累月的积累会带来惊人的变化。比如，每天早起十分钟，我们不仅能够享受到清晨的宁静，还能拥有一段安静的个人时间，用来规划一天的工作，这样的开始能让一天都充满活力。多读几页书，既能增长知识，又能培养我们的思考能力和专注力，长期坚持下去，会在无形中提升我们的素养和能力。在上班路上多走一段路，不仅能够锻炼身体，还能让我们有机会放慢脚步，观察周围的环境，不但有益于身心健康，而且会让我们的思维更加清晰。

李明立志完成自己的小说，决定每天至少写五百字。起初进展缓慢，朋友嘲笑他的速度像蜗牛爬，但李明没有被这些声音影响，他坚持自己的计划，每天早晨，他都会在日记本上记录下自己的写作进度，并在完成后打上一个满足的勾。过了两个月，他的写作速度提升，故事情节也逐渐展开，人物变得栩栩如生。

数月后，李明完成了小说，他站在书房中，望着窗外，心中满是成就感。

每天写五百字，积少成多，我的书就会慢慢成形。

一座高楼大厦始于一块块砖石的堆砌，我们的每一个小进步，都是向目标迈进的重要一环。这些日常的努力会随着时间的积累，转化为显著的成长和进步，因此，我们不要忽视每天的小小成就，无论是学习新知识、创作文学，还是工作上的小幅提升，或是生活中的健康习惯，这些日常的小成就都是我们执着追求目标的宝贵资本。通过持续的积累和努力，我们可以将梦想转化为现实，实现个人的成长和成功。

李浩是一位普通的上班族。他每天都淹没在重复的工作和日常琐事中，工资也很低，为了升职加薪，他打算提升自己，学习一门语言。每天早晨，他比平时早起半个小时，用这段时间来学习基础语法。在上班的地铁上，他不再像以前那样刷手机，而是打开了语言学习应用，利用碎片时间进行听力练习。他发现，即使是每天多听几分钟，也能逐渐提高自己的听力理解能力。晚上下班后，他会对着植物练习口语。几个月过去了，他能够与外国朋友进行简单的对话，甚至开始阅读简单的外语文章。

每天进步一点点，日积月累，我的语言库会越来越丰富。

利用可用资源助力执着目标

　　成功者不仅要有坚定的目标和毫不动摇的执着精神，更需要练就一双慧眼，敏锐地捕捉并深入地挖掘身边的每一份潜在资源，并具备出色的资源整合能力，能够对人才、资金、技术、信息，或者人脉、品牌、声誉等资源进行科学地分析、评估与调配，使其最大限度地服务于目标的达成。譬如，合理利用人力资源，建立高效运行的团队；精确调配物质资源，确保项目的顺利运行；高效利用信息资源，紧跟时代步伐，抢占先机。这样，原本散落各处的资源被有机地整合起来，形成一股强大的合力，共同推动目标的实现。

　　小明心血来潮报名了一个科技竞赛，但面对复杂要求时感到迷茫。他的同学们已经积极利用图书馆资料、网络资源和教师指导推进项目，而他困惑于如何将周围资源转化为实现目标的工具。图书馆的丰富书籍和实验室设备，这些在别人眼里的宝藏却未能为他所用。比赛日临近，小明的项目毫无进展，缺乏团队协作，物质资源调配不当，信息

图书角有很多参考资料，我们可以用它们来找到更多信息。

这些书和资料看起来都很重要，但我不知道该怎样利用它们。

资源也未得到有效利用。最终，小明的机器人模型在竞赛中未能脱颖而出。

> 有效利用资源要求我们不仅要识别和理解目标需求，还要精准匹配并发挥现有资源的最大效能。无论是通过合作平台的搭建、数字化信息资源的运用，还是日常生活中的互助与分享，我们都能提升效率，增强影响力，并在挑战中创造出愉悦的体验。

小陈搬入了新家，购入了一套烹饪用具，并邀请朋友暖房。朋友们带着期待和祝福陆续到来，厨房里充满了欢声笑语。小陈计划做顿大餐，但面对新厨具和食材，他感到无从下手。

我有很多食材和工具，但我不知道该怎样利用它们来做出我想要的菜肴。

朋友们见状，纷纷伸出援手，帮忙洗菜、切菜，甚至有人接过勺子。小陈放松下来，与大家一起忙碌，厨房里顿时香气四溢。他们分享着烹饪技巧，交流着生活趣事，气氛十分温馨。

晚餐准备好，大家围坐共享，虽然有些菜肴并没有达到专业水准，但每个人都吃得津津有味。

　　同时，我们应铭记，资源的运用还需结合时代背景和社会趋势。正如古代军事巨著《孙子兵法》中所阐述的"知己知彼，百战不殆"的原则，不仅适用于战场，同样也适用于人生目标的追求。在我们矢志不渝地追求目标的过程中，不仅要熟练掌握并充分运用自身已有的资源，还必须时刻关注竞争对手的动向，洞悉行业发展的最新态势，从而能够灵活调整战略方针，优化资源配置。此外，我们要预见到未来可能出现的机会与挑战，并在此基础上瞅准时机，让手中的资源在不断变化的环境中发挥出最大的价值。

　　小杨曾在一家知名IT企业任职，他想打造一款智能健康管理应用软件，于是开始出来创业。起初，他并没有雄厚的资金支持，办公地点就在狭窄的出租屋里，仅有一台二手电脑和一部旧手机。他利用自身在IT行业的经验与人脉，找来志同道合的朋友组成初创团队，大家轮流兼职，共同开发产品原型。

　　小杨利用业余时间学习健康管理知识，深入医院和健身房了解用户需求，并通过社交媒体和行业论坛收集大量的一手信息，然后将这些资源悉心整合，设计出一套既符合用户习惯又具有创

新性的健康管理解决方案。

此外，小杨利用有限的资金购置必需的开发工具，并通过参加创业比赛和路演，成功吸引了天使投资人的关注。在产品初步成型后，他积极寻求合作伙伴，与多家医疗机构和健身机构建立了战略合作关系，为产品的推广提供了有力的支持。

经过无数个日夜的奋斗，小杨的智能健康管理应用软件终于成功上线，并在短时间内积累了大量的忠实用户。

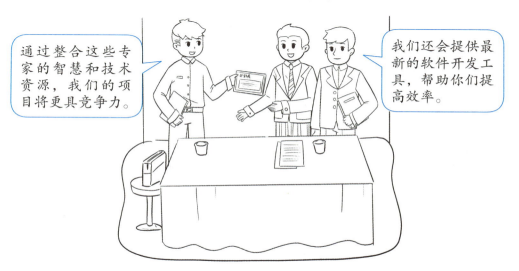

我们要学会发现和分辨哪些东西是有价值的资源，然后把这些资源整合起来，适当地进行调整和优化。同时，遇到缺少或难以控制的资源时，要有勇气和智慧去寻找替代方案，这样才能在面对困难时，化被动为主动。

所以，成功不仅需要我们有持之以恒的毅力追求目标，还要具备慧眼识珠和变废为宝的能力，管理和利用好身边的所有资源，才能在激烈竞争中到达成功的终点。

打破常规，执着地开阔视野

　　传统的观念和既定规则虽为我们的行动指明了方向，但也可能成为禁锢我们创新思维和无尽想象的枷锁。正如伟大科学家阿尔伯特·爱因斯坦所深刻揭示的："我们无法依靠造成问题的同一水平思维来解决这些问题。"因此，要想实现真正的突破，必须勇于挑战既有的认知框架，打破惯性思维的束缚，以全新的视角审视和解决问题。成功者不仅敢于挑战权威，而且还能够摆脱旧有习俗的桎梏，通过不断地开创新视角，从而开辟出一条条通往成功的独特路径，为实现个人或社会的革新创造了无穷无尽的可能性。

　　小张进入了一个传统家具公司做设计师，这家公司一直在使用传统的方法做事，流程繁琐，技术也未有过创新。尽管他满腔热血，有着创新的设计理念，但在这个环境中，他的创意难以付诸实践。每次

这些文件和流程太繁琐了，但是改变它们几乎不可能。

我们总是按照老方法做事，一点创新都没有，我感到非常沮丧。

他提出改革意见，都会遇到来自管理层和同事们的阻力。他们认为现有的流程和方法已经足够好，不需要改变。

日复一日，小张开始感到沮丧，因为他的设计才华没有得到充分的发挥。他尝试着在设计中加入一些新颖的元素，但由于公司对成本的严格控制和对风险的回避，这些尝试往往在初期就被扼杀。

小张主持的一个重要项目，旨在设计一款面向全球市场的家具。他尝试将东方美学与西方风格相结合，却未能把握两者的精髓，结果不尽如人意。这款家具在市场上反响平平，没有引起任何波澜。客户的评价他的设计太古板，缺乏吸引力，这让他非常沮丧，开始怀疑自己的能力，甚至考虑是否应该继续留在这个无法实现自己设计梦想的地方。

执着于开阔视野，并非单纯的叛逆或颠覆，而是基于对现状的深入理解，对未知领域的积极探索。这种执着的精神鼓励我们去接触多元文化，学习跨界知识，不断提升自我认知，从而在复杂多变的环境中寻找到前所未有的解决方案。

　　历史上众多杰出人物之所以能够引领时代变革，推动人类文明的进步，根源就在于他们敢于打破陈规陋习，始终坚持不懈地追求更广阔的视野。他们深深地明白，唯有挣脱现有的认知框架，才能俯瞰更广袤的思想领域，发现未曾被人窥见的新大陆。在面对接踵而来的挑战时，他们积极创新，汲取不同领域的智慧精华，以跨界的视角和开放的心态去拓宽思维的边界。他们凭借这种执着精神，将那些一度被认为是遥不可及的梦想一一变成现实，从而证明了打破常规、开阔视野对取得成功具有决定性的意义。

　　由小林主持设计的机器人获得了人们的一致好评，在展出期间，这款创新的机器人模型不仅吸引了众多观众的目光，更成为了行业内讨论的焦点。小林的设计理念是打破常规，将机器人技术与自然界的精妙构造相结合，创造出既实用又具有艺术美感的产品。

　　在设计这款机器人的过程中，小林深入研究了仿生学，从昆虫的敏捷性到哺乳动物的力量传递，他将这些自然界的智慧融入机器人的每一个关节和部件中。他的团队也在这个过程中不断学习新知识，探

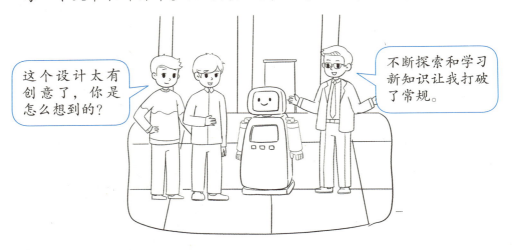

索未知领域，最终实现了技术上的突破。

在一次公司的高层管理会议上，小林展示了他对这款机器人的市场拓展方案。他利用数字化营销工具，结合社交媒体和在线广告，为机器人打造了一个全方位的推广计划。同时，与不同领域的专家合作，通过举办线上线下的研讨会和展览，进一步提升机器人的品牌影响力。

公司的领导对小林的方案给予了高度评价，认为他的方案为公司的利润增长提供了新的动力。

在走向成功的道路上，敢于挑战、锐意创新、不断开阔视野的精神，是开启成功之门的密钥，它赋予每一个怀抱梦想的追求者在各自领域挥洒才华、创造辉煌的机会。

因此，我们要学会挣脱思维的枷锁，勇敢地涉足未知的领域，以开阔的眼界去发现问题的本质，用创新的方法去攻克难题。只有这样，我们才能在充满挑战与机遇的时代洪流中，坚韧不拔地攀登高峰，铸就卓越的成就。

适应环境：面对变化的策略调整

　　随着内外环境的持续改变，如果我们一味地执着于原有的计划和方法，非但不能保证成功，反而可能成为前行道路上的羁绊。中国古代经典《易经》中有云："穷则变，变则通，通则久。"深刻阐明了在面对变化时灵活调整策略的重要性。真正的执着并非死守过去，而是对目标的坚定追求与对环境变化的睿智回应，这恰恰是成功者所必备的优秀品质。他们能够依据环境的变化，灵活调整战术，同时坚守初心，以目标为导向，不断调整步伐，最终在变化的环境中稳步前进，抵达成功的彼岸。

　　老于工作多年，习惯了按照既定的流程和方法来管理项目。他的办公室里，每一项工作都有条不紊地进行着，墙上挂着的计划表详细记录着项目的进度，一切看似都在掌控之中。然而，随着新技术的涌

市场已经变了，我们需要立即调整策略！

我的计划是经过深思熟虑的，不需要改变。

现和市场环境的快速变化，老于的这套方法开始显得力不从心。

然而，在公司里，年轻的同事们开始尝试使用平板电脑和其他移动设备来获取最新的市场信息和数据分析。他们注意到了行业趋势的变化，并希望能够通过调整策略来应对这些变化。他们向老于展示了平板电脑上的数据，希望能够引起他的重视。但老于对此并不感兴趣。他坚信，自己多年来积累的经验和传统的项目管理方法足以应对任何挑战。

然而，竞争对手迅速适应了市场的变化，而老于的项目因为缺乏灵活性和创新而逐渐落后。团队中的年轻成员感到沮丧，他们的想法和建议没有得到采纳，项目的潜力没有得到充分发挥。

最终，老于的项目未能达到预期的目标，公司在市场上的地位也受到了影响。

环境适应性要求我们放下对固定模式的依赖，学会在变化中找准定位，及时更新知识与技能，以契合时代发展的需求。这种适应性并非抛弃原则和初心，而是以更灵活、更高效的方式践行目标，从而在变化中找寻和创造新的机遇。

　　面对不断变化的环境，能够灵活调整策略的人更有可能实现目标。如同达尔文所指出的适者生存原则，不是最强大或最聪明的物种能够生存下来，而是那些最能适应变化的物种。在现代社会的一些科技创新领域中，众多企业和研究机构在面对新兴技术的冲击和市场需求的快速变化时，通过对新技术、新模式的敏感捕捉和适时采纳，以及对原有战略的适时调整，成功地实现了从落后到领先、从默默无闻到全球瞩目的转变。这些实例均凸显出环境适应性与策略调整在追求成功的过程中的决定性作用。

　　赵刚的实木家具厂面临现代家居市场变化的挑战，销量逐年下滑。他开始研究市场，理解消费者需求，调整产品线。赵刚保留了手工实木的特色，同时融入现代设计，结合金属、玻璃等元素，创新出既传统又时尚的家具。他还建立了该品牌的网站，通过官网和社交媒体与消费者互动，提供定制服务，满足个性化需求。这些策略使家具厂成功适应市场，吸引了更多追求品质的年轻消费者。

面对挑战，无论是企业还是科研团队，都需要敏锐地洞察变化，及时调整原有计划，以应对新情况。这种能力使个体和组织能够在变化中发现新机遇，将挑战变为机遇，推动其发展。

执着追求目标的同时，保持开放的思维和策略的灵活性，是实现个人和集体可持续发展的基石。通过不断适应环境变化，精准把握机遇，我们可以在复杂多变的世界中稳步前行，最终实现成功。

李博士的实验遭遇了新挑战：新型材料的研究中出现了未预料的反应模式。虽然偏离了原计划，但这为项目指明了新方向。他迅速组织团队，围绕先进实验平台分析新数据，鼓励团队保持开放的思维，探索突破的可能性。

很快，团队调整了方案，并分工合作，有的调整实验参数，有的收集数据，有的则研究文献。随着研究深入，他们揭示了现象背后的科学原理，解决了问题，为材料开发寻找到了新路。李博士团队的敏感性和策略调整，成功将挑战变为机遇。

面对挑战，执着寻找解决方案

　　在人生的竞技场上，面对接踵而至的挑战，是否能以执着之心去寻找并实施有效的解决方案，直接决定了我们能否在这场角逐中胜出。这种执着并非空洞的口号，而是渗透在每一个具体问题的剖析、每一个策略的设计、每一个行动的落实之中。正如《韩非子·喻老》所言："巧匠目意中绳，然必先以规矩为度。"面对挑战，我们需要以智慧为眼，规则为准，坚持不懈地去探寻问题的本质，创新求变，以最恰当的解决方案应对挑战，方能在崎岖的道路上步步为营，稳步向成功迈进。

小李正深陷于一项棘手的技术难题。一台老旧的机器出现了故障，他需要找到问题的关键并修复它。尽管尝试了多种传统方法，但机器依旧没有反应。与此同时，他的同事已经开始采用新技术，提高了工作效率。同事们尝试向小李展示新技术的优势，希望他能够采纳，但小李的执着让他拒绝了所有的建议。他坚信，只要给予足够的时间，传统的解决方案同样能够奏效。小李的坚持逐渐显得孤立无援，他的项目因为缺乏创新而开始落后于时代的步伐。

在技术迅速发展和市场竞争激烈的今天，过分执着于旧有解决方案和犹豫不决的态度，都可能导致我们错失机遇，最终影响项目的成功。因此，执着的追求应与适应变化和创新思维相结合，这样才能保持对问题敏锐的洞察力，还能及时把握机遇，实现目标。

小陈负责的项目出现了很棘手的问题，团队的进展陷入了僵局。他的办公室里，文件和资料堆积如山，每个角落都充斥着紧张和焦虑的气氛。

同事们尝试提出各种解决方案，但小陈感到不知所措，他的内心充满了疑惑和不安。每当有新的想法被提出，小陈总是犹豫不决，担心这会带来更多的问题。

随着截止日期的临近，小陈的压力越来越大，但他仍然无法从众多选项中做出选择，最终只能放弃，交由其他人继续做。

在具体实践中，面对挑战，我们应首先明确目标，梳理问题脉络，而后运用批判性思维与创新意识，构想并检验可能的解决方案。这包括但不限于收集相关信息，分析比较不同方案的优劣，甚至通过实验、模拟等手段验证其可行性。无论是科研项目中遇到的技术瓶颈，还是职场生涯中的战略规划，都需要我们以执着的精神反复推敲、调试，直至找到并执行最优解。在这个过程中，我们不仅解决了眼前的问题，更积累了宝贵的经验，提升了日后应对更多挑战的能力，为取得最终的成功打下坚实的基础。

小刘的团队最近面临着一项挑战，这个项目是他们从未涉足过的领域，充满了未知和风险。他站在白板前，用记号笔勾勒出思维导图，试图梳理出问题的核心。团队成员们围绕着他，提出各种想法和建议。

在接下来的几周里，团队成员们开始了密集的讨论和实验。他们分工明确，有的负责市场调研，有的专注于技术研发，有的进行优化项目管理流程。每个人都在为寻找最佳的解决方案而努力，最终，他

们不仅解决了项目中的技术难题，还发现了新的市场机会。

> 　　我们在问题面前要保持冷静，用深入思考和实际行动去破解难题，从尝试、失败、反思到再次尝试的过程中不断调整和优化策略。在任何领域，无论是技术创新还是社区发展，这种执着的追求都是推动进步的动力。它要求我们在实践中不断学习、积累经验，并勇于面对挑战。通过这样的努力，我们不仅能够达成短期目标，还能在长远发展中形成解决问题的能力，支撑我们一步步迈向成功。

　　社区里的小公园年久失修，设施陈旧，给居民的休闲带来了不便。小丁手持记录居民意见的笔记，向邻居们提出了改进方案。居民们表现出兴趣，一位邻居甚至用手机记录了讨论。小丁联系了社区管理部门，推动增设游乐设施、更新长椅和照明的计划。

　　在她的带动下，居民们组成小组，组织社区清洁活动，发起筹款，最终使小公园焕发新颜。孩子们在新设施上玩耍，老人们在长椅上休息，夜晚的小公园因新照明而变得明亮。

借助执着力量，智慧应对失败

在面对失败时，继续执着前行，这并非一种盲目的固执，而是在深入分析失败原因后，依然选择坚持的勇气。历史上，托马斯·爱迪生在发明电灯的过程中，面对了上千次的失败，但他的执着让他不断尝试新的解决方案，每一次失败都被视为向成功迈进的一步，正是这种力量帮助他在科学上取得突破。执着的力量不仅仅在于能够帮助我们从失败中吸取教训，恢复信心，还能使我们超越失败带来的打击，不被失败所限制，而是将其转化为成长的催化剂，激发我们继续追求目标和梦想的动力。

发明家小李的工作室里，失败的发明物品堆积如山，在墙上的时钟滴答声中，他的心逐渐沉重。桌上便签记录着连续失败的次数，而他的梦想似乎正一点一滴地消逝。朋友们劝他从失败中吸取教训，寻找新方法，但小李沉浸在失落中，无法自拔。

时间流逝，小李没有重新审视失败，也没有寻找新的出路。他的同行们则勇敢面对挑战，不

我尝试了这么多次，每次都以失败告终，也许我真的不适合做一个发明家。

断尝试，最终取得了成功。而小李因为缺乏从失败中站起来的勇气和智慧，让他的梦想和事业停滞不前。

> 执着的态度促使我们在逆境中不断寻找新的可能性，而不是被动等待或轻易放弃。这种积极寻求解决方案的精神，不仅有助于个人成长，还能激励他人。在学术研究和各种领域的挑战中，从失败中学习，主动寻求帮助和新方法是走向成功的重要途径。

　　小徐这些天深陷于毕业论文的写作困境，面对着散乱的论文资料，她的心情焦虑而沮丧。尽管尝试了多种方法，她的毕业论文依旧难以完成。周围的同学分享着各自的学习心得，而她陷入了自我怀疑，她没有从失败中寻找教训，也没有寻求外部帮助，而是逐渐失去了前进的动力，她开始考虑放弃，感到自己不适合学术研究。与此同时，其他学生在分享自己的写作过程，寻找导师的帮助，他们的论文开始呈现出清晰的脉络。

每一次遭遇挫折，都是对个人能力的考验，也是积累经验、提升自我的良机。在失败面前，我们通过细致的反思，识别出导致失败的关键原因。正如亨利·福特所说："失败是走向成功的过程中的一个组成部分。"通过分析失败的原因，我们可以更清晰地认识到需要改进的地方，从而调整方法和策略，提高解决问题的能力，然后以更坚定的步伐前进，从而在下一次尝试中做得更好。因此，执着的精髓是在失败中学习和成长，通过不断地自我提升，逐渐接近目标，实现自我超越。

李强最近在研发一款编程软件，他的办公室成了他日夜奋斗的战场。电脑屏幕上，代码如瀑布般流淌，而旁边的白板上，密密麻麻地记录着他的编程进度和遇到的问题。尽管项目充满了挑战，李强却始终保持着冷静和专注。

随着项目的深入，李强遇到了一个棘手的问题——设备的核心算法无法达到预期的效率。面对这个难题，他没有选择放弃，而是开始

了一系列的测试和调整。每次失败后，他都会详细地记录下错误信息，并分析可能的原因。

在一次深夜的编程中，李强终于在屏幕上看到了"第5次迭代——优化中"的提示，这意味着他正逐步接近问题的解决。尽管疲惫，但他的眼中闪烁着坚持的光芒。他的同事小张经过时，被李强的专注感染，轻声说道："每次失败都是向成功迈进的一步。"

经过无数个日夜的努力，李强终于解决了算法的瓶颈问题。他的软件设备不仅运行效率大幅提升，还获得了行业内的一致好评。

世间万物皆具有相互转化的辩证关系，正所谓"祸兮福之所倚，福兮祸之所伏"，失败并非终点，反而是潜藏机遇的起点，关键在于我们如何去面对和解读。借助执着精神，我们能够在遭遇挫折时不轻言放弃，用智慧的头脑去剖析失败背后的原因和启示，从而提炼出宝贵的经验。执着于目标的人，能够在失败面前保持冷静，深入挖掘问题的根源，通过不断地自我反思与调整，积累宝贵的经验。

执着于行动后复盘，持续修正行动策略

执着的追求不只是在行动上的坚持，还强调行动之后的反思与复盘。无论结果如何，每次尝试后的深入分析都是不可或缺的。正如苏格拉底曾说过的，反思是生活的重要部分，未经审视的行动可能导致盲目和效率低下。通过复盘，我们能够从经验中学习，从失败中成长，这种能力是个人发展和职业成功的关键。这要求我们要以开放的心态接受反馈，以批判的眼光看待自己的行为，以及以坚定的意志去做出必要的改变。这样的执着，不仅仅是对成功的渴望，更是对个人成长和完善的不懈追求。

张伟一直忙碌于应对一个又一个项目，他的时间表总是排得满满当当，几乎没有给自己留下任何喘息和思考的空间。很快，他发现自己陷入了一个恶性循环，项目虽然一个接一个地完成，但他从未真正停下来反思自己过去的行为和决策。他没有从经验中学习，也没有从失败中成长，这导致他在项目管理上不断重复着相同的错误。

最终，由于缺乏反思和调整，张伟的项目管理效率开始下降，项目成果也未能达到预期的目标。

在忙碌的工作中，人们往往忽视了反思的重要性，从而导致重复错误，效率降低。有效的复盘能够帮助我们从经验中学习，增强适应性和创新思维。通过多角度审视问题和探索解决方案，我们可以提升决策质量，避免团队士气和效率的下降，从而促进个人和团队的长期发展。

李明总是急于推进项目进度，每次项目结束后，无论成败，他总是立即投入到下一个项目中，从不愿意花时间去回顾和分析。他的团队成员曾经多次尝试说服他进行项目复盘，但李明总是以时间紧迫为由，拒绝深入探讨。这次项目失败后，他仍坚持前进，拒绝深入探讨问题所在。成员们感到被忽视，团队士气渐渐低落，效率也开始下降。在连续出现项目未达标后，李明终于意识到了问题，并开始反思，认识到自己忽视了团队意见和学习成长。

这个项目失败了，因为我没有深入分析原因，只是急于开始新的项目。

　　成功不是一蹴而就的，而是需要不断地修正和改进行动策略，仔细审视过去的行为和结果，我们可以识别出哪些做法带来了积极的效果，哪些则需要改变。这种自我修正和策略更新的过程，不仅帮助我们避免重复同样的错误，还令我们能够更加精准地应对新的挑战，提高实现目标的可能性。

　　这种基于经验的学习方法，要求我们具备灵活性和适应性，能够在必要时改变方向或调整方法，还要求我们保持开放的心态，接受新的想法和不同的视角。由此，我们可以持续地提升自己的能力，不断接近我们的目标。

　　艾伦的团队在本次项目中被其他公司淘汰了，作为创意总监，他认真地分析着项目复盘报告，寻找失败的原因和改进的办法，然后，艾伦召集团队进行了一次深度复盘会议。在会议室里，团队成员围坐在一起，艾伦站在白板前，用记号笔标出项目的关键节点，引导团队回顾整个流程。他们从创意构思到执行，再到效果评估，逐一分析，找出了特定渠道投放效果不佳的问题。

　　艾伦和团队成员们没有被这次失败所困，而是将教训转化为行动的动力。在随后的项目中，他们根据复盘得出的结论，优化了渠道策略，加强了团队协作。最终，这种努力得到了回报，新的广告宣传活动不仅提升了客户的知名度，还为公司赢得了多项大奖。

　　成功之后，艾伦并没有自满，而是继续组织团队进行复盘，探索如何持续提升。他深知，即使项目成功，也有改进的空间。艾伦推动设立了内部分享会，鼓励团队成员们学习成功案例，激发创意灵感，共同推动团队和公司的进步。

执着于复盘与修正策略需要我们实事求是，坦诚地面对问题，而非逃避或粉饰。如同军事家孙子所强调的"知己知彼，百战不殆"。通过深入分析行动的结果，我们可以明确自己的位置和优势，以便做出更明智的决策。因此，这个过程要求我们拥有足够的勇气和智慧，既要能指出自身的不足，也要能肯定自己的进步，从而在行动中不断积累经验，提升自我，达到从失败中学习，从成功中吸取经验的境界。

第四篇
执着与生活的智慧

执着与智慧共塑精彩生活。执着如金，造就职场、情感、商业的辉煌成就。生活智慧则教我们审时度势，巧用执着原则，兼顾追求与满足，从而构筑个人品牌，维系人际和谐。在执着的探索中，领悟放手与调整的艺术，深化精神成长，寻找生命的意义，最终，执着之旅成就完整的自我，拥抱美好的人生。

执着成就职场成功

　　职场成功绝非仅凭偶然机遇或短暂努力就能获得的，而是需要历经无数个昼夜的辛勤付出，通过汗水与泪水交织的耕耘与沉淀而逐步积累起来的硕果，其中，执着精神尤为重要。执着并非一味地机械重复，而是对目标的坚定追求，对工作的极度热忱，以及对挑战的无畏面对。如同《论语》中孔子所言："譬如为山，未成一篑，止，吾止也；譬如平地，虽覆一篑，进，吾往也。"在竞争激烈的职场环境中，唯有抱着堆砌高山的执着精神，才能在芸芸众生中脱颖而出，成就一番事业。

　　小江毕业后进入了一家中小型的市场营销企业。面对业绩的压力和市场的激烈竞争，他感到迷茫和挫败，他的上司提点他多次，令他更加不知所措。

这个项目非常重要，但你没有按时完成。

我遇到了一些困难，实在坚持不下去了。

后来，小江一改往日的状态，开始研究市场动态，了解竞品信息，并仔细分析客户需求，寻找提升服务质量的机会。为了扩大业务，他频繁出差拜访客户，即使遭遇冷脸与拒绝，他也始终保持微笑和耐心。

连续三个月业绩未达标，小江更是加倍努力。他利用业余时间进修专业知识，提升谈判技巧和市场敏感度。半年后，小江的团队业绩显著提升，他本人也被提拔为市场部主管。

他执着地过了头，已经是固执了。

与此同时，小江的同事小王却面临着相同的挑战。但他始终未曾做出改变，周围的同事对他无奈地摇头。他们在私下里议论："他执着地过了头，已经是固执了，一点不变通。"小王因为缺乏适应变化和从失败中吸取教训的能力，坚持使用过时的方法，拒绝接受新的建议和策略，不久之后就被淘汰了。

职场中的执着体现在对专业的精通、对职责的坚守以及对自我提升的不懈追求。唯有对每一项任务都全力以赴，对每一个细节都精雕细琢，才能在日积月累中提高职场的硬实力，赢得同事与上司的信任，从而逐渐晋升为众人眼中的金牌员工。

在职场中，执着精神影响着日常工作的每一个环节，比如在项目执行中遭遇难题时，执着精神会让我们坚守阵地。我们会凭借这种精神，积极挖掘问题根源，采用创新策略寻找突破点，从失败中吸取教训，最终攻克难关，为项目获得成功奠定基础。

此外，执着精神驱使我们持续学习和积累，密切关注行业动态，紧跟时代步伐，不断提升自身竞争力。比如每日花时间阅读行业资讯，参加专业培训课程，主动承担富有挑战性的任务，以此积累实战经验，锤炼精湛技艺，确保自己能在激烈竞争的职场中立于不败之地。

小王毕业于一所普通大学的会计专业，他进入了一家小微企业担任财务助理。刚开始，她不仅要处理大量的基础账目，还要应对琐碎的行政事务，工作繁重且枯燥。周围的同事大多安于现状，但小王想成为一名注册会计师，对此，她每天提前一个小时到岗，利用这段时间自学CPA课程，晚上下班后也会抽出至少两个小时进行复习和模拟题练习。在工作中，她主动承担更具挑战性的任务，如编制财务报表、参与预算编制等，以实战经验提升自己的专业技能，解决一个又一个难题。

执着是实现个人成长和团队发展的关键。执着精神在职场中能够推动个人超越现状，追求卓越。无论是自学专业课程，还是承担挑战性任务，都是执着的体现。这种精神不仅能增强个人专业技能，也会促进团队协作，要求成员在完成个人任务时积极协助他人，共同推动项目进展。

而在领导层面，领导者通过深入分析和策略调整，鼓励团队成员学习，激发潜力，增强团队成员彼此的信任和凝聚力，从而实现项目的成功。

小高领导的关键项目在面对技术挑战和市场波动时，他坚守岗位，积极寻找问题根源，引导团队深入市场分析，挖掘用户需求，调整产品设计，并鼓励团队从失败中学习，他坚信坚持可攻克难关。同时，小高也注重个人和团队的成长，通过阅读资讯、参加培训和承担挑战性任务提升专业技能。经过不懈努力，这个关键项目终获成功，小高和团队庆祝胜利，他高举奖杯，团队对他的领导和坚持表示感谢。

我们真的做到了！这个项目的成功离不开您的领导和坚持。

情感中的执着坚守

　　情感中的执着坚守，是一种源自内心深处、坚韧有力的情感力量，体现了人们对爱意与诺言的绝对忠诚。在情感世界的漫漫旅途中，无论是血浓于水的亲情、肝胆相照的友情，还是深情款款的爱情，执着的坚守如同坚固的磐石，承载着彼此间无比珍贵的信任与依赖。每个人在生活中的某个时刻都会面临情感的挑战与试炼，但正是这份执着，让我们能够在困顿与挫折中保持前行的勇气，在平淡与宁静中发掘和守护情感的永恒价值，让心灵得以净化与升华。

　　小林和小梅是大学时期的恋人，毕业后，他们因为各自的职业规划而选择了异地恋。小梅留在了家乡，成为了一名老师，而小林则去了大城市，追求他的商业梦想。尽管相隔千里，他们的感情却异常稳

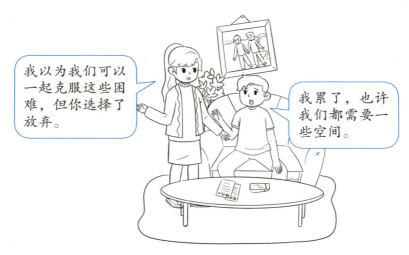

定，每天的电话和视频通话成为了他们的日常。

几年后，他们决定结婚，希望婚姻能够为他们的关系带来新的稳定。然而，婚后的生活并没有像他们预期的那样顺利。小林的工作越来越忙，而小梅在家乡的生活中也面临着种种挑战。他们试图维持着远距离的婚姻，但时间的流逝和空间的距离逐渐在他们之间筑起了一道墙。

小林和小梅开始频繁地吵架，每一次的争执都让他们感到疲惫和沮丧。他们试图找到解决问题的方法，但似乎总是无法达成共识。小梅开始怀疑，这段婚姻是否还有继续下去的意义。

最终，小林选择了放弃这段婚姻。原本是一段充满希望和承诺的爱情，但婚后依然异地的生活和不断的争吵，让他们的关系走向了破裂。

面对变化无常的生活，人们或许需要在不同阶段调整相处的方式，但始终坚守的是对彼此情感的尊重与珍视，这包括了对承诺的忠实执行，对困境的共同面对，对分歧的理解沟通，以及对共同未来的期盼与建设。

在爱情的天地中，执着坚守的具体表现可能是一个眼神，即使面临外界的种种诱惑也能坚定不移，望向对方的眼神充满对爱情的坚守与执着；也可能是在困厄之际，双方携手并肩，共度难关，绝不轻言放弃；更常见的是在平凡的日子里，用心照料对方生活的每一个细微之处，用温暖与关爱填满生活的缝隙。这种情感上的执着坚守，不论外界环境如何变化，都能为我们的心灵筑起坚实的堡垒，使情感在磨砺与考验中得到锤炼与升华，进而编织出丰富多彩、深厚而隽永的情感纽带。

小美和阿强坐在沙发上翻看着旧相册。小美抚摸着一张泛黄的照片，那是他们第一次共同旅行的纪念。

他们从初中就相识，一起走过了青春的懵懂，步入了成熟的年纪。小美成为了一名幼儿园老师，她热爱自己的工作，总是尽力给孩子们最好的教育。阿强则继承了父亲的小餐馆，他用心经营，希望为小美和未来的家庭提供稳定的生活。

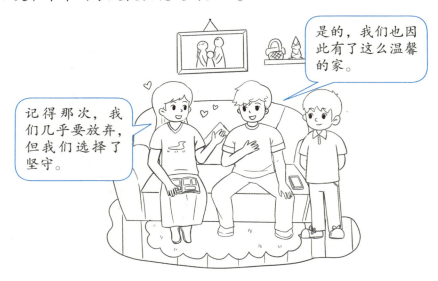

随着餐馆生意的兴隆，阿强的生活开始变得复杂。他沉迷于社交应酬，常常深夜才回家，这让小美感到忧虑。她担心他们的关系会因此而疏远，她希望阿强能回到那个简单而纯粹的自己。

某个清晨，阿强带着一束鲜花回到了家。他站在窗边，阳光映照着他手中的鲜花，也映照出他脸上幸福的微笑。小美从沙发上站起身，走向他，眼中充满了爱意和期待。

从那以后，阿强减少了不必要的社交活动。他和小美一起参与社区活动，共同关心彼此的工作和生活。他们的关系因此变得更加牢固，家庭也更加温馨和谐。

在情感关系的发展与维护中，我们要始终保持对情感真谛的深刻理解与践行，不论面临何种变故或挑战，我们都能坚守初衷，尊重与珍惜每一段情感联结。比如在家庭中，这份执着坚守可能体现为对家人无私的关爱与呵护，不论面临生活压力还是代际观念的差异，都能竭力维系和谐的家庭氛围。这样的执着坚守，让我们在追求个人成长与幸福的过程中，增添厚重而温暖的底色。

执着耕耘，收获财富果实

　　执着耕耘是实现财富积累的一条明确路径。这要求人们在对目标的持续追求和对过程的不懈努力。无论是在金融投资、企业经营，还是日常的财务管理中，执着的行动者通过精心规划和有策略地执行，逐步构建起自己的财富体系。他们对所从事领域的深刻理解和对市场动态的敏锐洞察，使得他们能够在合适的时机做出精准的投资决策。同时，在面对市场的不确定性时，他们能够保持冷静，坚持自己的投资策略，不被短期的波动所影响，因此，这种长期的视角和坚定的执行力，被视为财富增长的重要因素。

　　小于是个有天赋和才华的人，但他生性懒散，这让他的生活和事业总是处于一种未完成的状态。他的工作室里充满了未完成的项目和创意，每一件作品都像是他未竟的梦想，小于的导师常常眉头紧锁地

只有执着地追求，你才能将这些创意转化为真正的财富。

我尝试过，但每次遇到困难，我就……放弃了……

看着这一切，有时忍不住提醒他要坚持。然而，小于总是满足于自己的小聪明和初步的成就。每当一个事情变得艰难或需要额外的努力时，他就会失去兴趣，转而寻找新的、更简单的或者更有趣的。因此，虽然他有许多创意，却没有一个能够完整地实现。

> 执着的缺失常导致个人的潜能无法被充分利用，继而实现不了自己的目标。当人们面对挑战时，轻易放弃会让人错失成长和成功的机会，而逃避困难的行为不仅导致当前挑战的失败，也可能失去长远的收益和发展。

小明和小刚曾共同为创业梦想而奋斗。然而，小明面对困难时失去了信心，收拾背包准备离开，小刚尝试说服小明留下。最终，小明选择逃避，留下小刚独自面对这一切。小刚继续坚持并不断完善计划，面对重重困难，他最终取得了成功。

小明在离开后尝试了不同的工作，但始终未能找到热情和目标，后悔当初轻易放弃。几年后，得知小刚成功后，小明意识到自己的放弃让他错失了成功和获得财富的机会。

我们的计划很有潜力，坚持下去就会赚到钱。

但我看不到结果，也许我不适合创业……

以企业家为例，他们以执着的精神面对市场的激烈竞争，始终坚持不懈，同时，他们深入研究市场，洞察消费者的需求，不断创新产品，优化服务。即使在企业遭遇困境时，他们也不轻言放弃，而是坚韧不拔地寻找解决问题的方法，带领企业走出困境，实现转型和升级。对于投资者而言，他们通过深入学习投资知识，敏锐洞察市场的发展趋势，坚持长期投资的理念，不被短期的市场波动所影响。他们通过严谨的分析和理性的决策，选择有潜力的投资项目，通过时间的积累，实现了资产的稳健增长。

小刘和小王共同研发的新型机器人终于上市了，小王紧紧握住小刘的手，他们彼此都明白，这一刻的到来是多么不易。回想起研发的过程，他们经历了无数的失败和挑战，资金短缺、技术难题、市场怀疑等，每一个困难都考验着他们的意志。然而，他们从未放弃，始终坚持和创新，最终突破了重重困境，创造出了这款机器人。他们的执着耕耘，终于在今天得到了回报，而新型机器人的问世，不仅为他们

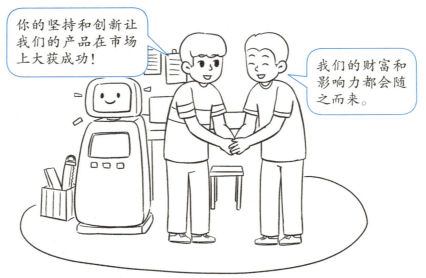

带来了财富，更提升了他们在行业中的影响力。

在创新的征途中，坚持和创新是实现突破的核心。面对研发中的失败和技术挑战，以及市场的不确定性，唯有持续的努力和不断的创新，才能引领我们渡过难关。企业家们通过深入市场调研、夜以继日的工作，以及对产品质量的不懈追求，最终在激烈的市场竞争中取得了成功。新产品的成功上市，销售业绩的增长，以及客户的高度评价，都是对团队不懈努力的肯定。

　　小董是一位企业家，多年来，小董带领团队致力于新产品的研发，他们经历了无数次的试验和失败，但从未放弃。他们深入市场调研，夜以继日地工作，不断优化产品，力求创新。在这条充满挑战的道路上，小董一直努力坚持并持续创新，在激烈的竞争中站稳了脚跟。终于，新产品上市了，而且市场的反应超出了所有人的预期。销售数字节节攀升，客户的评价极为正面，这一切成果都是对小董和团队不懈努力的最好回报。

我们的新产品反响热烈，销售额超出了预期！

这是我们多年坚持研发和创新的结果。

团队合作中的执着力量

团队合作中的执着力量将团队成员的心智、力量与信念紧紧缠绕在一起，共同朝着设定的目标迈进。这种执着的精神不仅体现在对团队使命的坚守，更在于对团队共识的坚决捍卫，确保团队内部意见统一，行动一致。同时保证团队价值观的薪火相传，通过每一位成员的认同与实践，将团队特有的文化和理念深深镌刻在团队成员的基因之中。

不仅如此，团队合作中的执着力量还特别重视对团队成员个体成长的关心与推进，鼓励每一位成员在团队中充分发挥潜能，实现自我价值的提升。

在一个快速发展的创业公司中，市场部肩负着开拓新市场的重任。团队领导人李经理拥有丰富的行业经验，他提出了一项针对新兴市场的创新营销策略。然而，随着市场环境的变化和内部资源的限制，团队成员开始对这个策略产生疑虑，他们觉得任务太难了，根本没有办法完成，希望李经理可以重新考虑改变策略。

　　面对内外压力，李经理并没有坚定地推动原先的创新策略，而是频繁调整方向，试图迎合每一个短期挑战。在团队会议上，他常常被成员们的不同意见所左右，无法做出果断决策。这样一来，团队成员们也失去了对原定策略的执着信念，各自为战，行动混乱不堪，李经理也尝试组织团队建设活动，试图提振士气，但全无效果，他有点想放弃了。

　　随着市场竞争加剧，公司的市场份额并未得到有效提升，团队士气日渐低落。原本有望打开新局面的新兴市场，因团队在执行策略过程中的摇摆不定和不执着，错过了最佳的入场时机。

　　在团队合作的过程中，每位成员都以其独特的执着精神为集体赋能，大家齐心协力，共同面对并解决各种挑战与难题，通过不断的思想交流、经验分享和实践磨砺，最终熔铸成一股势不可挡的团队合力。

团队合作中的执着力量具体表现在以下多个层面。首先，领导者对团队愿景的坚定信念与不懈追求，为团队指明了方向，赋予了团队执着前行的动力。其次，团队成员对自身角色与责任的执着承担，确保了团队运作的高效与稳定。再次，团队内部对沟通协作的执着坚守，促进了信息的畅通与资源的有效整合，增强了团队整体的竞争实力。此外，团队对创新思维的执着提倡，推动了团队在面临困境时寻求突破，实现从优秀到卓越的飞跃，确保团队在瞬息万变的时代浪潮中，始终保持旺盛的生命力与竞争力。

在一家初创科技公司，有一个由五人组成的研发团队，领头人是项目经理小杰。他们接到的任务是开发一款创新型的智能家居系统，但在初期阶段，由于技术难度大、市场前景不明朗，团队士气一度非常低落，甚至有人提出放弃。

小杰组织团队成员共同制定详细的项目计划和分工，明确每个人的责任和目标。每天下班后，他会留下来和团队成员一起交流想法，攻克技术难题，有时甚至熬夜到凌晨，反复试验和优化代码。

为了提振团队士气，小杰安排定期开展团队建设活动，让大家在轻松愉快的氛围中增进了

我们的目标不仅是完成这个项目，而是要超越它，让我们一起创造历史！

项目进度

我们愿意为此投入全部努力！

解，增强凝聚力。他时刻关注团队成员的心理状态，遇到挫折时给予鼓励，取得进展时予以表扬，让每位成员都能感受到自己在团队中的价值。

在研发过程中，团队成员们互相学习、互补短板，他们执着地追求技术创新，不断优化产品性能。最终，经过一年多的努力，这款智能家居系统终于成功上线，并因其独特的创新功能和出色的用户体验，在市场上取得了不俗的成绩。

> 这个项目虽然充满困难，但我相信我们团队的实力。

> 我们已经准备好迎接一切挑战，无论多艰难，我们都会坚持到底。

当团队遭遇重大挑战时，执着精神鼓励成员们不畏艰难，共同探索解决方案，这种团结一心、百折不挠的执着，往往是团队走出困境、转危为机的关键。同时，致力于团队建设与文化建设，让团队成员在共同经历与成长中建立起深厚的信任与友谊，形成难以复制的团队凝聚力。只有团队中的每个成员都能积极践行这种执着精神，才能真正发挥团队合作的优势，打造出一支无惧风雨的钢铁之师。

日常生活中的执着：点滴铸就非凡

在日常生活中践行执着，并不在于要有多么轰轰烈烈的壮举，而是要融入每天的点点滴滴。在每个平凡的日子里坚持和努力，就像在清晨闹钟响起时即刻起床，即便睡意未消，也坚持开启新的一天；在工作和学习中对每一个细节的精心雕琢，不因小事而不为，不因重复而懈怠。这些日常小事，就像是不起眼的小石子，一块块积累起来，慢慢铺就了通往非凡成就的道路。每一次坚持，每一次不放弃，都在无声中积聚着力量，让生活在平凡中透出不平凡的光彩，也让我们在不经意间，铸就非凡的自己。

王浩的生活陷入了单调的循环。每天早晨，床的诱惑总是让他难以按时起床。上班途中，他听着轻松的播客和音乐，与周围自我提升的人群形成对比。工作中，王浩面对任务时总是采取最低限度的努力，很少追求卓越。他对待工作的态度缺乏热情，重复性的任务让他感到枯燥无味，而不是将其视为提升技能的机会。他很少投入时间和精力去深入研究业务，或是寻求创新的方法来提高效率。

滴滴滴……

再过五分钟，就五分钟，不会迟到的。

晚上回家后，王浩总是选择外卖或即食食品。他的房间内堆满了快餐包装，随意的饮食习惯影响了他的健康。晚餐后，他沉溺于电视节目，遥控器成了他逃避现实的工具，他的生活缺少学习和成长的空间。

随着时间的推移，王浩的生活和事业都受到了影响。他在工作中未能取得显著成绩，晋升机会从未眷顾他，健康和精力的衰退也让他在生活中感到越来越力不从心。他开始意识到，自己的生活方式和日常习惯正在影响着他的未来，而这并不是他所期望的。

又一天过去了，我好像什么都没做。

执着的态度也渗透进我们对待日常琐事的行为中。小到每天坚持自己烹饪均衡的餐食，大到雷打不动的每日阅读，这些细微的行动汇聚成强大的力量，逐渐塑造出一个拥有健康的生活习惯和内心世界丰富的自己，从而提升个人的整体素养。

在日常生活中，执着于个人兴趣的追求是一种深刻的自我表达和实现。正如古希腊哲学家亚里士多德所言："我们通过做公正的事而成为公正的，通过做节制的事而成为节制的。"同样，通过日复一日地投入到个人兴趣中，无论是艺术创作、音乐演奏，还是科学研究，我们不仅锻炼了技能，也陶冶了性情。这种执着的实践，使我们在精神上得到满足，同时，我们的专注和热爱也能激发社会对美、对知识、对创新的尊重和追求，而我们会逐渐成为某一领域的专家或爱好者，为社会贡献自己的独特视角和深刻见解。

小吴曾是个充满热情的音乐和艺术爱好者，他的吉他演奏和画作总能让人眼前一亮。但随着工作越来越忙，以及越来越重的生活压力，让他渐渐远离了自己的兴趣。他开始感到疲惫，每天下班后，只能无力地坐在工作室的椅子上，手中的文件成了他唯一的伴侣。

家人注意到了他的变化，关心地提醒他："你已经很久没有弹吉他

你已经很久没有弹吉他和画画了，是不是应该抽时间做你喜欢的事情？

我知道，但我懒得去追求那些兴趣了。

和画画了，是不是应该抽时间做你喜欢的事情？"小吴心中明白，但他只是无力地回答："我知道，但我懒得去追求那些兴趣了。"

> 　　当日常生活的重压迫使我们偏离个人爱好时，我们会发现自己失去了追求曾经热爱事物的热情。这种疲惫感和无力感，往往源于对日常琐事的过度投入，而忽略了那些能够激发创造力和热情的活动。
>
> 　　因此，我们要学会通过在日常生活中寻找非凡，书写个人的非凡故事，为生活赋予更深远的意义和价值。像艺术家们，是通过不断地创作，逐渐找到自己独特的表达方式，最终找到属于自己的道路。

在这个城市尚未完全苏醒的时刻，小刘已经站在他的画架前，准备迎接新的创作。她的生活就像他的画作一样，有着自己的节奏和色彩，而且她的画作逐渐展现出她的技艺和情感的深度。

然而，小刘在追求艺术的道路上，也曾面临过困惑和挫折。有时候，她会对着空白的画布发呆，思考着如何表达内心的情感。但她一直没有放弃，最终通过不断的实践和探索，她找到了属于自己的艺术语言。

在执着追求中保持人际关系的和谐

在执着追求个人目标的过程中，保持人际关系的和谐显得尤为重要。因为这不仅仅关乎我们的发展空间与对社会资源的获取，更是影响情绪状态、心理健康以及生活质量的关键因素。在追求梦想的道路上，我们应当以尊重、理解和包容为核心，善于倾听他人的观点和需求，适时调整自己的行为和策略，做到在坚持个人立场的同时，兼顾他人的感受。例如，在职场竞争中，既要积极争取机会，也要顾及团队协作，通过分享经验和知识，协助团队成员共同进步，从而在激烈的竞争中建立和谐稳定的人际关系。

小林作为项目经理，总是忙于处理堆积如山的文件和迫在眉睫的项目。尽管团队成员试图与他讨论分工和项目进展的情况，小林却总是以忙碌为由，拒绝参与，让同事们自己解决。

虽然他每天完成分配的工作，但他从不主动研究市场趋势和收集竞争对手信息。他没有兴趣整理报告与团队分享，也从不在部门会议上发言或鼓励他人分享观点。

当公司面临一项紧急的产品推广任务时，小林没有展现出团队精神，反而主动请缨，希望独自承担所有责任。他没有提议跨部门合作，也没有整合资源共同策划活动。在准备过程中，小林没有协调内部资源，也没有耐心解答团队成员的疑问，最终导致团队成员对他的计划缺乏理解和认同。

在一次会议中，小林夸耀自己的业绩，认为自己是团队中最优秀的，应该得到晋升。然而，他的同事们坐在会议桌的另一端，感到失落和疏远。他们心中有着共同的声音："小林从不分享信息，也不和我们一起解决问题。"

设定界限也是保持人际关系和谐的关键。明确告知他人你何时可以社交，何时需要专注工作，让他们尊重你的时间。同时，你也要确保在忙碌的日程中留出时间与亲朋好友相聚，这些社交活动可以为你提供必要的情感支持和压力释放。

在工作与生活中，我们在坚持个人追求的同时，要以智慧与诚意维系和谐的人际关系，如在展现个人才能的同时，积极融入团队之中，承担并分享责任，通过高效沟通与协作，确保团队目标的共同实现。面对意见不合或利益冲突时，应运用灵活的策略，寻求兼顾各方利益的解决方案，展示尊重与接纳，以公正公平为核心化解矛盾。此外，在个人发展与集体利益相融合的过程中，懂得适时妥协与平衡，保持对他人的理解和关怀，通过日常生活中的互动与支持，建立起稳固的情感纽带，以便在困难时刻互为依靠，共同进步。

小李是一位事业心强的职场人。但在追求个人职业目标的同时，他始终记得家庭和朋友也是他生活中不可或缺的部分。

一天傍晚，小李在办公室处理完最后一份文件后，便匆匆离开了办公室，踏上了回家的路。当他走进家门，温馨的餐厅映入眼帘，大圆桌上已经摆满了家人亲手准备的丰盛晚餐。

小李的亲朋好友围坐在桌旁，他们的笑容和亲切的问候让小李一

无论工作多忙，能和你们在一起的时光总是最宝贵的。

我们都支持你，家永远是你最坚强的后盾。

天的疲惫瞬间消散。他坐下来，与大家畅谈生活中的点滴，分享工作中的趣事和挑战。

小李作为创意总监，倡导开放包容的团队文化。他不仅分享自己的创意，更鼓励团队成员大胆提出想法，每一条建议都得到了充分的尊重。面对分歧，小李让不同意见通过展示优势、共同探讨来融合。

在荣誉面前，小李总是谦逊地将团队成员推向前台，强调成绩属于大家，同时还关心每一位团队成员。因此，小李不仅赢得了团队成员的爱戴，更增强了团队的凝聚力，激发了成员的创造力，营造了一个充满活力和温暖的工作环境。

> 大家都有各自的优势，让我们共同打造一个无懈可击的提案。

> 太棒了！我们这下更有动力了。

保持人际关系的和谐也意味着要关注他人的成长和发展。在追求自己的目标时，不要忘记鼓励和支持周围的人。通过分享你的经验和知识，你不仅能够帮助他人成长，还能够加深你们之间的联系。同时，你要主动从他人那里学习，这样你不仅能够丰富自己的视野，还能够建立起更加坚实的人际网络。通过这种相互支持和学习，我们可以在追求个人目标的同时，建立起一个和谐的社交环境。

执着的艺术：适时放手

在执着中适时放手，要求我们在面对长期投入却成效有限的目标时，能够超越个人情感，进行理性分析。例如，当前的投入是否真正有助于实现长远个人发展的目标，如果一个项目需要不断追加资源，但成功的可能性很低，或者市场的变化已经使得原先的目标过时，那么重新评估并考虑转向新的机遇就变得至关重要。执着的追求者会考虑机会成本，识别并选择那些更有可能带来积极变化和成长的机会，而不是单纯地坚持到底。通过这种审慎的选择，我们可以确保在追求成就的同时，也为个人发展留出空间。

张涛五年磨一剑研发智能家居系统，却未获市场青睐，公司还陷入了财务危机。他牺牲了家庭和健康，一直坚持，但团队信心动摇，

市场调研显示，我们的项目可能不再符合当前的需求。

我注意到了，我们需要重新评估并考虑是否转向新的机遇。

核心成员逐渐离去。在办公室反思后，张涛决定放弃原有方向，转投健康监测领域，这一决策艰难却明智。几个月后，公司推出健康监测设备，获得了广泛的市场关注。张涛的转变不仅救活了公司，也为团队开辟了新机遇。

> 面对市场挑战和财务困境，适时转变方向，放弃旧有策略，可以为企业带来新机遇。而个人在职业发展中也需具备灵活性，适时调整规划，以适应不断变化的环境。固守传统，拒绝新技术，可能会导致个人竞争力的下降，从而错失发展机会。

在一家老工厂的技术部门，老张是位资深的技术工程师，对旧机器了如指掌。随着科技的进步，年轻同事小李拿着平板电脑，向老张展示新技术，建议更新设备以提升效率。然而，老张坚信他的经验和老方法是最有效的，对小李的建议不以为意。

然而，工厂的竞争力逐渐下降，老张的坚持使得技术更新变得异常困难。工人们开始感到不安，订单减少，利润下滑。尽管老张的执着令人佩服，但在不断

变化的市场中，这种不愿适应新技术的态度，最终导致了工厂的困境和老张个人职业生涯的低谷。

职场生涯中，当察觉到目前的状况不再促进个人技能的提升，或是工作环境限制了创造力的发挥，勇敢地走出去，寻找更能激发潜能和激情的新岗位。在人际交往中，当一段关系充斥着负面情绪，沟通与理解变得困难重重，持续的修补显得徒劳无功时，选择放手不仅是对自我的解脱，也是对对方的尊重。在个人成长的旅程中，适时放手过去犯下的错误与累积的遗憾，是一种自我疗愈的过程。每一次主动的放手，都是在为心灵减负，为自我提升清出道路。让我们轻装上阵，成长为更加成熟与完善的自我。

创意总监小秦发现自己在公司的官僚体系和僵化的文化中创造力受限，日常工作变得枯燥无味。而且还与一位同事的关系紧张，尽管尝试沟通，隔阂却日益加深。深思熟虑后，他决定辞职，并与同事进行了坦诚的对话，表达了自己的感受和决定。

小秦放下了心中的包袱，将过去视为成长的教训。他加入了一家创新型初创公司，在这里，他的创造力得到了释放，热情也被点燃。在新的工作环境中，他建立了积极健康的人际关系，开启了职业生涯的新篇章。

在职场中，面对限制个人成长或带来不必要风险的环境，要勇敢地离开不利的处境，寻找新的发展机会，我们要具备自我反思的能力，明智地评估何时坚持，何时转变。虽然放手可能伴随着短期的不确定性，但它为个人和团队提供了成长和进步的空间，有助于实现更有意义的职业目标，并激发团队的热情和创造力。通过这样的转变，我们可以有效避免资源浪费，为未来投资，开启职业生涯的新篇章。

项目负责人小梁面对顾问提出的项目风险评估，他感到了前所未有的压力，因为继续推进项目可能会给公司带来巨大的损失。

在会议上，小梁认真地向团队成员说明了当前项目的高风险，然后带领团队转向了风险可控且市场前景广阔的新项目。

几周后，新项目取得了积极进展，团队的士气和信心得到了提振。小梁的决策被证明是明智的，适时的放手不仅避免了潜在的损失，还为团队带来了新的发展机遇。

执着追求与生活满意度的平衡

　　执着追求虽然能够引领我们实现个人目标和职业成就，但如果不加以适度控制，则会挤占我们生活中其他的重要领域。过度的投入可能会损害家庭关系、身体健康和个人休闲的时间，从而降低生活的整体满意度。为了维持执着追求与生活满意度之间的平衡，一定要设定切实可行的目标，并在日常生活中预留出足够的时间来培养与家人的关系、维护个人健康以及追求个人爱好。例如，即使在工作压力巨大的情况下，也要安排固定的家庭聚会，保证规律的运动习惯，以及参与自己喜欢的活动。

　　陈逸对工作的投入无人能及，他常常是办公室里最晚熄灭灯光的人。他的专注和热情让他在职场上备受赞誉，但这也让他的个人生活逐渐失去色彩。他的妻子小雅注意到，夫妻间的交流日益减少，家庭聚会也没有了，陈逸甚至放弃了他曾经热爱的周末篮球赛。

　　小雅提醒他生活不应只

有工作。然而，陈逸对工作的执着让他难以接受这一观点，他坚信成功需要牺牲个人时间和爱好。

时间一天天过去，陈逸的工作压力越来越大，他开始感受到持续的压力和疲劳。工作表现没有新的突破，家庭关系因为缺乏投入和沟通而变得紧张，健康也因为缺乏锻炼和休息而开始出现问题。他的生活逐渐失去了平衡，工作成为了他唯一的重点，但这种单一的追求并没有为他带来预期的满足和幸福。

几个月后，陈逸意识到，他需要重新评估自己的优先事项，找回生活的平衡。他开始怀念那些与家人共度的时光，怀念篮球场上的激情，但这需要他付出更多的努力和时间。

实现这种平衡的关键在于自我意识和时间管理，了解自己的极限，并诚实地评估自己的需求和欲望，可以帮助我们更好地分配时间和精力。通过优先排序和有效规划，我们可以确保在追求职业目标的同时，也不会忽视生活中的其他重要方面。

　　生活中不可预见的事件，如健康挑战、市场变动或个人生活的变化，都可能对我们的计划造成影响。面对这些变化，执着的追求者在坚持目标的同时，会做出适当的调整。例如，当健康问题要求减少工作量时，则可远程工作或重新安排工作时间，或者采用更加灵活的工作模式来减少压力。此外，面对市场的变化，他们可能会调整职业路径或业务模式，以确保持续的成长和发展。这种适应性既能让我们在面对挑战时保持执着追求，又有助于我们在不断变化的环境中找到新的机会，维持并提升生活的满意度。

　　思思是个工作狂，长时间的高压工作导致她出现了慢性疲劳症状，医生建议她减少工作量，调整生活节奏。思思开始重新审视自己的生活和职业目标。她与公司协商，改为远程工作，并调整了工作时间，为自己留出了更多的休息和锻炼身体的时间。

　　她的妈妈之前多次提醒她注意身体健康，此刻见到她终于肯调整了，不由得为她感到开心。此外，思思也开始与家人一起外出野餐，

看到你能够调整工作方式，我真的很为你高兴。

我找到了健康和工作的平衡点。

享受大自然，这让她的生活开始有了新的色彩。

在调整的工作模式后，思思发现自己有了更多的精力去探索个人兴趣。她加入了瑜伽俱乐部，与朋友们一起训练，不仅增强了体质，也结识了新朋友。她还重拾了绘画的爱好，在画布上挥洒创意，找到了内心的宁静。

随着时间的推移，思思在工作上也取得了新的进展。她学习了数据分析和人工智能，这些新技能让她在工作中更加得心应手，也为她赢得了新的职业机会。她开始意识到，生活不仅仅是工作，还有健康、家庭、友谊和个人成长。

我们要有个清晰的认知，即生活的满足感不应只由职业成功来定义。真正的幸福涉及社交关系的深度、身体和心理的健康，以及个人兴趣的丰富性。通过社交活动，我们能够建立和维护有意义的人际关系；通过定期锻炼、健康饮食和充足睡眠，我们可以保持身心健康，为实现目标提供必要的能量。此外，培养个人爱好和兴趣，能够激发创造力，带来内心的平静和满足。

执着与精神成长：在追求中寻找生命的意义

在执着的追求中，我们不仅致力于实现具体的目标，更注重在过程中探索和发现生命的意义，这种追求可能源自对专业领域的热情、对创新的向往，或是对深入知识的不懈探求。这些追求超越了个人成就，触及更广泛的人生价值和存在的意义，赋予了他们生活更丰富的内涵和更明确的方向。

小吴是位热情的科研人员，每天在实验台前研究显微镜下的样本，致力于探索科学的奥秘。慢慢地，科研的压力让他感到精疲力尽，他开始怀疑自己的选择。他变得不再关注同行的进展，对新知识的渴望也在消退。

所里领导注意到了小吴的困境，与他进行了一次深刻的交流。领导的话语启发了小吴，让他认识到科研不仅是发现新知，更是精神成长的旅程，是寻找生命意义的过程。

小吴开始积极地参与学术会议，与同行交流心得，从他们的经验和故事中汲取力量。他阅读关于哲学和科学史方面的书籍，深入思考科研背后的深层意义，让自己的研究工作变得不再单调枯燥。

看，我们的研究被刊登在了最新的科学杂志上！

这真是太棒了！

生命的意义往往在我们对所做事情的投入和热爱中显现。当我们全身心地投入到自己选择的事业中去，我们的工作就不再仅仅是为了生计，而是成为实现个人价值和目标的方式。这也成为我们与社会互动和影响世界的方式。

在执着的追求中寻找生命的意义，还体现在我们如何利用自身的才能和资源，对他人和社会产生积极的影响。无论是企业家通过创新的商业模式为社会提供就业岗位，还是公共服务工作者通过改善社区设施来提升居民的生活质量，这些行动都能够在社会中产生连锁的正面效应。

小丁是个创业者，他设计了一个项目，旨在通过创新商业模式改善社区公共设施，同时创造就业机会，提高居民的生活质量。

他的努力吸引了年轻创业者的关注，他们在社区中心聆听小丁分享自己的见解和计划。小丁鼓励他们将个人追求与社区发展相结合，实现商业成功和社会责任的双重目标。随着项目逐步实施，小丁不仅成为社区的变革者，还激励了其他创业者为这个项目持续做出助力和贡献。

创业者通过创新思维激发社区活力，激励他人共同追求商业成功与社会责任。这种方式能够激发更多人的参与，共同改善生活环境，提升生活质量。

小陈发现社区花园里的花草总是蔫耷耷的，缺乏照料，他决定用自己的专长给这片绿色空间带来生机。他开始每天定时来到花园，细心地修剪、浇水，逐渐让这片荒芜的角落焕发了生机。随着时间的流逝，花园变得繁花似锦，居民们也注意到了这个变化，小陈的努力也得到了他们的认可和感激。